Beck'sche Reihe
BsR 341

Gute Argumente für eine Wende in der Chemiepolitik sind dringend erforderlich. Dieses Buch zeigt, welche Bedrohung die Chemische Produktion darstellt, es beschreibt die Besonderheiten der (Chemischen) Industrie und untersucht konkret deren Emissionen, die Produkte: Autos, Weichspüler, Spraydosen, FCKW-haltige Produkte, aber auch scheinbar unbedeutende wie Lärmtröten, Camping-Chemietoiletten u. a.

Als zentrales Informations-, Kontroll- und Planungsinstrument der Produktpolitik wird hier die Produktlinienanalyse vorgestellt, die die gesamten Auswirkungen von Produkten entlang der Produktlinie Rohstoffgewinnung-Produktion-Gebrauch-Entsorgung beschreibt – und gleichzeitig die geeigneten produktpolitischen Instrumente bestimmt. Im letzten Teil des Buches werden diese Instrumente unter die Lupe genommen: beispielsweise Umweltzeichen, Ökoabgaben, Chemikaliengesetz und Produkthaftung. Die gängigen Schlagwörter und Utopien der Chemiepolitik wie etwa Naturstoffchemie, Chlorchemie, geschlossene Kreisläufe oder Umweltzeichen werden kritisch gewürdigt und Szenarien einer Chemiewende entworfen.

Dr. Rainer Grießhammer, geb. 1953, studierte Chemie in Basel und Tübingen. Er ist Koordinator des Chemiebereichs im Öko-Institut und Herausgeber des ICU-Informationsdiensts Chemie und Umwelt. 1992 wurde er als Sachverständiger in die Chemie-Enquete-Kommission des Deutschen Bundestags berufen.

Veröffentlichungen u. a.: „Der ÖkoKnigge" (Reinbek 1984), „Chemie im Haushalt" (Mitautor, Reinbek 1984), „Ozonloch und Treibhauseffekt" (Reinbek 1989), „Wen macht die Banane krumm?" (Reinbek 1989).

Rainer Grießhammer und Dieter Seifried geben die Reihe „Gute Argumente" heraus. Weitere Titel dieser Reihe: siehe S. 156/157.

RAINER GRIESSHAMMER

Gute Argumente: Chemie und Umwelt

Herausgegeben von Rainer Grießhammer und Dieter Seifried

Mit 52 Schaubildern von Sabine Gensch

VERLAG C. H. BECK MÜNCHEN

Mit 52 Schaubildern und 5 Fotos

Die Deutsche Bibliothek – CIP-Einheitsaufnahme
Grießhammer, Rainer:
Gute Argumente: Chemie und Umwelt
Rainer Grießhammer. Mit Schaubildern von Sabine Gensch. – Orig.-Ausg. – München: Beck, 1993
(Beck'sche Reihe; 341)
ISBN 3 406 32323 5
NE: GT

Originalausgabe
ISBN 3 406 32323 5

Einbandentwurf von Uwe Göbel, München

Gesamtherstellung: C. H. Beck'sche Buchdruckerei, Nördlingen
Gedruckt auf alterungsbeständigem (säurefreiem) Papier,
chlorfrei hergestellt
Printed in Germany

Inhalt

Vorwort

„Chemie ist, wenn es stinkt und knallt", hieß es früher in der Schule. Chemie kommt aber auch leise und geruchslos. Chemie ist im Haushalt, im Verkehr, am Arbeitsplatz, ist Abfall. „Chemie" ist überall. Mit „Chemie" wird nicht nur in der Chemieindustrie, sondern auch in der Verarbeitenden Industrie, in Gewerbe, Landwirtschaft und Privathaushalten umgegangen. Zudem spielen Zehntausende von Stoffen, Produkten und Anlagen eine Rolle. Es ist schwierig, die Komplexizität zu verstehen und damit umzugehen – genau das ist aber chemiepolitisch gefordert und wird hier im Buch präsentiert. Ich hoffe, daß die nun vorliegenden Guten Argumente „Chemie und Umwelt" den Lesern und chemiepolitisch Interessierten den Zugang erleichtern und daß die Grafiken und Argumente bei Vorträgen und Veranstaltungen hilfreich sind.

Im Unterschied zu den bereits vorliegenden Bänden der Reihe „Gute Argumente" wurde an einigen Stellen von dem festen Schema „links die Graphik – rechts der Text" abgewichen.

Das Schreiben dieses Buches hat mir und dem Verlag einiges an Geduld abverlangt. Ich danke Christine Zeile und Wolfgang Beck vom Verlag und meinem Mitherausgeber Dieter Seifried für ihre nachhaltige Unterstützung, der Grafikerin Sabine Gensch für Ideen und Umsetzung und Carl-Otto Gensch für Diskussion und Gegenlesen.

Rainer Grießhammer

Einleitung: Chemie und Produkte

Die Bedrohung von Mensch und Umwelt durch Chemikalien wird immer wieder durch spektakuläre Unfälle (Seveso, Bhopal, Sandoz), Produktskandale (Pestizide, Holzschutzmittel, Ledersprays, Asbest) und Umwelt- und Gesundheitsbelastungen (Ozonloch, Giftmüll, Dioxine, Robbensterben in der Nordsee, Waldsterben) deutlich. Das Wort vom „Schadstoff des Monats" macht die Runde und verdeutlicht, daß die Politik den Problemen nur nachhinkt und kein Konzept zur Vorbeugung gefunden hat. Jenseits aller Skandale wird nur zu leicht übersehen, daß die schleichende Chemisierung unserer Lebensgrundlagen das eigentliche Problem ist: die Normalität ist der Störfall. Wir nehmen ihn nicht mehr zur Kenntnis. Haben wir uns daran gewöhnt, daß Muttermilch (S. 24) – die wertvollste Nahrung der Neugeborenen – eine Reihe chemischer Gifte enthält, so daß eine vergleichbar belastete Kuhmilch nicht verkauft werden dürfte? Haben wir uns daran gewöhnt, daß wir (schwermetallbelastete) Leber und Nieren nur sehr selten essen sollen, daß wir bei Sommersmog still im Haus verharren sollen; daß wir bei schönem Sonnenwetter wegen hoher UV-Strahlung nur noch kurz in der Sonne bleiben sollen? Haben wir uns daran gewöhnt, daß die Mülldeponien überborden, Giftmüll in den Boden sickert oder in Dritte-Welt-Länder verschippert wird? Haben wir uns daran gewöhnt, daß unser Wegwerfkonsum nur durch Ausbeutung der Dritten Welt, durch Raubbau an Rohstoffen und katastrophale Arbeitsbedingungen möglich ist?

Dieses Buch ist für all die lebensfrohen Menschen geschrieben, die sich nicht daran gewöhnen wollen!

Das Buch gibt einen kurzen Problemaufriß (Kap. A) und legt den Schwerpunkt auf die positiven „Leitbilder einer Chemiewende" (Kap. C), auf eine Analyse der Hemmnisse und auf die Instrumente zur Realisierung der Utopien.

In den letzten 20 Jahren – seit Beginn dessen, was man versucht ist, Umweltpolitik zu nennen – konzentrierte sich diese auf ein gefälliges Arrangement mit der Industrie durch nachsorgende Umweltschutz-Maßnahmen, so daß – zumindest in den alten Bundesländern der Bundesrepublik – eine *akute* gesundheitliche Bedrohung durch die Chemie die Ausnahme darstellt. Die wilden Müllkippen der sechziger Jahre wurden geschlossen, die Schaumberge auf den Flüssen sind verschwunden, die Einleitungen in den Rhein wurden deutlich reduziert, Klärwerke wurden gebaut, Kraftwerke und Fabriken mit Abluftreinigungsanlagen ausgestattet und die Produktion einiger Horrorchemikalien wie Pentachlorphenol oder Polychlorierte Biphenyle verboten. Aber bei der eigentlichen Produktion, bei der Produktentwicklung und beim Konsum hat sich nichts von Grund auf geändert. Die Folge ist eine Vergiftung per Ratenzahlung (Kapitel A): Überall dort türmen sich Probleme auf, wo sich Schadstoffe anhäufen („akkumulieren") und wo die Belastungsgrenzen der Umwelt durch jahrelangen Schadstoffeintrag gesprengt werden – oft mit einer jahrzehntelangen Verzögerung wie bei den Fluorchlorkohlenwasserstoffen (FCKW), die sich in der Stratosphäre ansammeln, die Ozonschicht zerstören und zum Treibhauseffekt beitragen (S. 20). Typische Endpunkte („Senken") sind die Muttermilch (S. 24), die am Ende der Nahrungskette Pflanze-Tier-Mensch steht; die austauscharme Nordsee (S. 22), in der sich die Schadstoffe der Flüsse, der jahrzehntelangen Abfallentsorgung auf See („Verklappung") und der sehr hohen Belastung über die Luft (!) aufkonzentriert haben. Die am ehesten sichtbare Variante sind die Abfallberge: letztlich produziert die Industrie nur Abfall (S. 106), der zwischenzeitlich als Produkt genutzt wird. Man kann ihn weder wegzaubern noch neue Deponien herzaubern – man kann ihn nur vermeiden.

Bei solch großen Problemen wird oft vergessen, daß auch Kleinvieh Mist gibt (S. 30): daß die bei Sportveranstaltungen eingesetzten Lärmtröten soviel FCKW freisetzten, wie Kältemittel in 660.000 Kühlschränken enthalten waren. Oder daß auf den wenigen Schrotschießplätzen der Bundesrepublik etwa 15.000 Tonnen Blei und 70 Tonnen Arsen in die Natur geballert wurden. Arsen und Spitzenhäubchen – aber legal. So wächst der chemische Schuldenberg an der Umwelt, das Bewußtsein bleibt das alte, und Chemiepolitik ein leeres Wort.

Was ist überhaupt „Chemie"? Die alte Schülerweisheit „Chemie ist, wenn es stinkt und knallt" legt nahe, unter „Chemie" besonders giftige Chemikalien, Chemieanlagen und Störfälle zu verstehen. Chemie ist aber weit mehr: Auch die Rohstoffgewinnung (zum Beispiel von Erdöl, S. 64), die Verarbeitung und Anwendung von Chemikalien in anderen Industriebranchen, Landwirtschaft und Verkehr, Recycling und Entsorgung sind Teil der Chemieproblematik. Thema dieses Buches sind Umweltchemikalien: Stoffe, die durch menschliches Zutun – beabsichtigt oder unbeabsichtigt – in die Umwelt gebracht werden und Mensch und die Umwelt gefährden können. Diese notwendigerweise breite Definition zeigt zugleich die Schwierigkeit, den vielfältigen Chemieeinsatz zu überblicken und eine vorsorgende Chemiepolitik zu betreiben. Einerseits müssen die Spezifika der Chemieindustrie (S. 34) berücksichtigt werden, andererseits die verschiedensten Anwendungsbereiche von Chemikalien in der Gesamtwirtschaft (S. 36). Gerade deshalb finden sich in diesem Buch immer wieder Verweise auf weitere Bücher der Reihe *Gute Argumente,* die Probleme und Konzepte in einzelnen Anwendungs- bzw. Wirtschaftsbereichen beschreiben: zum Beispiel Landwirtschaft, Verkehr und Energieversorgung.

Die Chemieindustrie ist die Retorte der Gesamtwirtschaft (Kapitel B): einerseits sehr spezifisch strukturiert, andererseits vielfältig und dominierend mit der Gesamtindustrie verflochten (S. 36), gleichermaßen Rohstofflieferant wie Brain-Trust und Produkt-Entwickler. Aus den Besonderheiten der Chemieindustrie (S. 34) ragen drei heraus: Der Vielfalt und Komplexizität der etwa 100.000 Stoffe und der zwei Millionen Produkte (S. 38) entspringt die Schwierigkeit, den Chemieeinsatz zu überschauen und angemessen zu reglementieren (siehe unten). Die Gefährlichkeit vieler eingesetzter Chemikalien führt zu enormen Störfall- und Transportrisiken, die denen der Atomindustrie durchaus vergleichbar sein können, sowie zu Gefährdungen am Arbeitsplatz – und das keineswegs nur in der Chemieindustrie (S. 46). Die dritte herausragende Eigenheit der Chemieindustrie ist die Verbund- oder Kuppelproduktion. Bei den meisten chemischen Reaktionen entstehen zwangsläufig Nebenprodukte, die als (Sonder-)Müll entsorgt werden müßten – wenn sie nicht als Vorprodukte für andere Reaktionen eingesetzt werden können. Diese Abfallverwertung ist einerseits sinnvoll, andererseits fatal, da sie dazu verleitet, neue Produktfelder und Bedürfnisse zu kreieren, und zudem den Ausstieg aus erkannten Problemprodukten erschwert. Am Beispiel der Chlorchemie, etwa bei der Verbundproduktion von PVC, chlorierten Lösemitteln und Fluorchlorkohlenwasserstoffen kann der dann verhängnisvolle ökonomische Druck gegen jegliche Veränderung bestens illustriert werden (S. 44). Bemerkenswert ist auch der einzigartige gesamtwirtschaftliche Verbund zwischen Mineralölverarbeitung, Gewinnung von Benzin und Diesel für den Verkehrsbereich, Heizöl für den Energiebereich und Petrochemikalien für die Organische Chemie. Aber auch sonst reichen die Auswirkungen der starren Verbundproduktion weit in die Produktpalette der Gesamtwirtschaft.

Eine Chemiewende kann schon deshalb nicht durch eine rein interne Umstrukturierung der Chemieindustrie erfolgen, weil der Chemie- und Stoffumsatz in der Gesamtwirtschaft erfolgt. Die „Leitbilder einer Chemiewende" (S. 48) gelten deshalb übergreifend für die Chemieindustrie *und* die Gesamtwirtschaft und deren wichtigste Produktlinien. Das anspruchsvolle *Leitbild „Umwelt und Entwicklung"* erfordert eine Produktion und einen Konsum, die eine langfristige, weltweit umwelt- und sozialverträgliche Entwicklung zulassen. An mehreren Beispielen wird gezeigt, daß die westlichen Industrieländer entgegen diesem Leitbild leben: der Rohstoffverbrauch ist zu hoch, der Raubbau von Rohstoffen und der Anbau wichtiger Nachwachsender Rohstoffe findet in der Dritten Welt statt, die wichtigsten globalen Umweltkatastrophen (Treibhauseffekt, Ozonabbau, Saurer Regen) werden im wesentlichen durch die Schadstoffemissionen der Industrieländer verursacht. Ein angemessener Konsum und eine überdeutliche Reduzierung der Rohstoffinanspruchnahme und der Schadstoffemissionen können aber nicht durch rein technische Optimierungen erfolgen, sondern nur durch einen Strukturwandel in den Anwendungsbereichen der Chemie *(„Leitbild Strukturwende")* und eine umfassende Optimierung der wichtigsten Bedürfnisfelder und Produktgruppen *(„Leitbild Produktlinienoptimierung").* Die Guten Argumente „Energie", „Verkehr" und „Landwirtschaft" beschreiben die Konzepte für einen solchen Strukturwandel im jeweiligen Bereich („Energiewende" etc.), so daß im Einzelfall darauf Bezug genommen wird. Das neue Konzept der Produktlinienanalyse und das der Ökobilanz wird in diesem Buch dagegen ausführlich beschrieben (S. 52–63) und an mehreren Produktbeispielen konkretisiert.

Produktlinienanalysen und Ökobilanzen erfassen die gesamte Lebenslinie der Produkte: von der Wiege bis zur Bahre. Von der Rohstoffbeschaffung über Produktion, Transport, Handel, Gebrauch bis hin zur Entsorgung werden die Stoff- und Energieströme bilanziert und – bei der Produktlinienanalyse – die ökologischen, ökonomischen und sozialen Auswirkungen erfaßt. Die Ökobilanz erfaßt dagegen nur die ökologischen Auswirkungen und vernachlässigt die meist entscheidungsrelevanten ökonomischen und sozialen Aspekte. Beide Methoden sind nicht nur für den Vergleich von Produkten geeignet, sondern auch zur Optimierung der jeweiligen Produktlinie und zur Auswahl und Begründung produktpolitischer Maßnahmen. Wo viel Licht ist, ist auch viel Schatten: die Mißbrauchsmöglichkeiten der neuen Instrumente werden beschrieben und methodische Checklisten an die Hand gegeben (S. 58).

Die bisherigen Studien haben überraschende Ergebnisse gebracht: Erstens hat generell die mit Produkten verbundene Umweltbelastung ein viel größeres Ausmaß, wenn nicht nur der Produktgebrauch, sondern auch der ganze Rattenschwanz der Produktlinie im Blickfeld steht. Da wendet sich der Verbraucher mit Grausen von Weichspülern (S. 92), Autoklimaanlagen (S. 80–83) und anderen unnützen Produkten ab. Zweitens kriegen all die Naturstoffromantiker und heimlichen Konsumfetischisten einen auf den Deckel, die da glauben, man müsse nur die „bösen Chemie-Produkte" durch die „guten Naturprodukte" ersetzen, vgl. etwa die Beispiele Seife (S. 96), das natürliche Insektizid Pyrethrum (S. 76) oder Baumwolle (S. 74). Der Produktvergleich fällt in der Regel nicht schwarz-weiß, sondern hellgrau-mittelgrau und keineswegs automatisch zugunsten der „Natur"-Produkte aus. Drittens widersprechen sich die Studien zum Teil. Das darf nicht verwundern: auch zum Preis eines Gebrauchtwagens oder einer Immobilie kann man je nach Annahmen und Interesse verschiedene Berechnungen vorlegen. Zudem steht am Schluß jeder Energie-Stoffstrom-Bilanz eine Bewertung und die ist zwangsläufig subjektiv. Entsprechend verwahrte sich das Umweltbundesamt mit Recht gegen „Sehnsüchte", daß „neutrale" Institutionen mit Ökobilanzen eine „objektive" Klärung zu strittigen Fragen herbeiführen könnten. Das wäre in einer demokratischen Gesellschaft auch etwas verwirrend. Hinter den Kulissen gibt es eine inhaltlich scharfe und je nach Ausgang folgenschwere Kontroverse zwischen Vertretern der Produktlinienanalyse und denen einer eher technokratisch orientierten Ökobilanz. Während die ersteren eine Überprüfung des Produktbedarfs und den Einbezug ökonomischer und sozialer Aspekte, aber auch freien Datenzugang und Öffentlichkeitsbeteiligung fordern, wird das von der zweiten Seite (die z.B. bei der Chemischen Industrie zu orten ist) weitgehend abgelehnt. Die Gewerkschaften dürften demnach nicht über Gefahrstoffe am Arbeitsplatz mitreden (S. 46), die Kirchen nicht über Anbaubedingungen in der Dritten Welt (S. 72–75), die Frauen (bei denen traditionell die Hausarbeit hängenbleibt), nicht über zeitraubende Umweltschutzmaßnahmen und das Pseudorecycling des Dualen Systems (S. 114). Delikat ist dabei die Ablehnung des Einbezugs der letztlich entscheidungsrelevanten ökonomischen Aspekte (S. 126).

Die organische Rohstoffbasis der Chemieindustrie (Kapitel D) ist im wesentlichen Erdöl und Erdgas; Nachwachsende Rohstoffe spielen trotz aller Beteuerungen und der Werbung („Unsere Rohstoffe wachsen natürlich nach"; S. 72) nur eine Nebenrolle, auch wenn viel Theater um sie gemacht wird. Es wird ferner gezeigt, daß die Nachwachsenden Rohstoffe hauptsächlich in der Dritten Welt, meist unter unvertretbaren ökologischen und sozialen Bedingungen angebaut werden, und daß sie beim derzeitigen Konsum- und Produktionsniveau der Bundesrepublik gar keine bedeutende Rolle spielen können: „Ein Volk braucht zuviel Raum" (S. 50). Bei dieser Gelegenheit wird das so attraktive Leitbild einer „Sanften Chemie" oder „Naturstoffchemie" zerpflückt (S. 68 und S. 76), das jahrelang die chemiepolitische Debatte in der Bundesrepublik mitbestimmt hatte. Es ist zwar verlockend, gibt aber für die Entwicklung der technischen Produkte des Industriezeitalters (vom Auto über Computer bis hin zur Zahnfüllung) keine Antworten.

Produkte sind die größten Emissionen der Chemieindustrie (Kapitel E), und das eigentliche Ziel der wirtschaftlichen Tätigkeiten. – Sie stehen deswegen im Mittelpunkt dieses Buches.

Die Vielfalt der eingesetzten Produkte verlangt einerseits nach einer Schwerpunktsetzung für die Untersuchungen (S. 100), so daß wenigstens die wichtigsten Produktgruppen systematisch untersucht und reguliert werden können (S. 118), andererseits nach einer allgemeinen „Checkliste", die auch bei nicht näher untersuchten Produkten weiterhilft. Hierfür wurde „oHa– Die optimale Handlungsauswahl" (S. 84) entwickelt. Die sechs gestuften Handlungsoptionen sind für den Verbraucher entwickelt worden, sie gelten sinngemäß auch für eine umweltpolitische Strukturierung. Die einzelnen Optionen sind nicht starr, sondern können flexibel den individuellen und umweltpolitischen Rahmenbedingungen angepaßt werden:

1. *Hinterfragung des Bedarfs* (S. 88)
Wenn weiterhin Produkte mit wenig Nutzen, aber hoher Umweltbelastung verwendet werden, wie zum Beispiel Weichspüler (S. 92), Autoklimaanlagen (S. 80) oder Lärmtröten (S. 30), werden alle anderen Bemühungen um ökologische Lösungen konterkariert. Individuell steht hier als Antwort der „Positive Verzicht", umweltpolitisch das Verbot (wie zum Beispiel sehr spät bei den FCKW-Lärmtröten geschehen) oder etwa Ökoabgaben.

2. *Verhaltensalternativen*
Zur Deckung von Bedürfnissen sind nicht unbedingt Produkte nötig, Schachspielen kann man entweder mit Freunden oder mit dem Schachcomputer ... Umweltpolitisch erwächst hier die Forderung, Rahmenbedingungen so zu ändern, daß umweltfreundliche Verhaltensalternativen erleichtert werden, im Verkehrsbereich beispielsweise durch eine Verbesserung des Öffentlichen Personennahverkehrs und der Bundesbahn.

3. *Umweltfreundliche Produktalternativen wählen*
Leicht gefordert, aber schwer einzuhalten; meist ist gar nicht klar, welches das umweltfreundlichste Produkt ist, zumal bisher angebotene Bewertungskonzepte wie das Umweltzeichen (S. 136) deutliche Schwächen hatten. Durch eine systematische Bewertung der wichtigsten Produktgruppen könnte hier für den Verbraucher Klarheit und Verläßlichkeit geschaffen werden. Umweltpolitisch bedeutet dies, die notwendigen Untersuchungen baldmöglichst durchzuführen (S. 118), nur noch umweltfreundliche Produkte im öffentlichen Beschaffungswesen zu verwenden und dafür zu sor-

gen, daß umweltfreundliche Produkte umweltpolitisch bessere Rahmenbedingungen bekommen (zum Beispiel billiger sind als vergleichbare umweltschädlichere Produkte, weil diese mit einer Ökoabgabe belegt sind). Es bedeutet auch, bei dem Ersatz von Problemstoffen und -produkten dafür zu sorgen, daß die Alternativen wirklich besser sind und nicht der Teufel durch den Beelzebub ersetzt wird, wie etwa bei den FCKW-Ersatzstoffen (S. 80ff.). Der Gesetzgeber und die Behörden stehen hier oft vor der Schwierigkeit, für eine Vielzahl von Anwendungsbereichen Ersatzstoffe und -technologien zu nennen, wenn die Problemprodukte eingeschränkt oder verboten werden sollen. Diese Aufgabe überfordert Gesetzgeber und Behörden in der Regel, so daß von der Industrie angebotene Ersatzlösungen oft mit einer gewissen Erleichterung und ohne nähere Prüfung angenommen werden.

4. *Ökologischer Produktgebrauch*
Der Gebrauch von bestimmten Produkten, zum Beispiel Autos, Waschmaschinen, Waschmittel oder Holzschutzmittel, kann die von diesen Produkten ausgehenden Belastungen bei unsachgemäßem Gebrauch erheblich verstärken. Im individuellen Handeln sind hier die Chancen für Umwelt-Entlastungen oft größer als beim Kauf von möglichst umweltfreundlichen Produkten. Umweltpolitisch gibt es hier nur indirekte Einflußmöglichkeiten: über Vorschriften, die direkt den Verbraucher betreffen (zum Beispiel Höchstgeschwindigkeit, Tempolimit beim Autoverkehr) und über Vorschriften zur Produktkennzeichnung, Pflicht zum Abdruck von Dosierempfehlungen etc. Ansonsten könnte auch hier der „richtige“ Preis wahre Wunder bewirken.

5. *Umweltschonendste Entsorgung von Produkten*
Die Einflußmöglichkeiten sind hier deutlich geringer als bei den obengenannten Punkten, wenngleich sie nicht zu vernachlässigen sind. Was bei Produktentwicklung und Kauf versäumt wurde, kann bei der Entsorgung schwerlich korrigiert werden.

6. *Umweltbündnisse schließen*
Eine Kuh macht Muh, viele Kühe machen Mühe – ohne aktives Handeln engagierter BürgerInnen passiert wenig. Obwohl Chemie eine Sache der „Experten“ zu sein scheint, kamen die meisten

Enthüllungen über Vergiftungen, Giftstoffe, undichte Deponien etc. von BürgerInnen – ein Menetekel für die Wissenschaft. Die Chemie- und Produktpolitik wird sehr stark auf EG-Ebene und vom Bundesgesetzgeber bestimmt – die Folgen haben nicht nur die BürgerInnen, sondern auch die Kommunen, zum Beispiel bei der Abfall- oder Verkehrspolitik, zu tragen. Insofern gibt es auch auf kommunaler Ebene Widerstände und viele Handlungsmöglichkeiten (vgl. Kapitel „Was tun?").

Bürgerinitiativen sind besonders erfolgreich beim Verhindern oder Abändern von Anlagenplanungen (zum Beispiel Müllverbrennungsanlagen). Das hat nur dann ein „Geschmäckle", wenn das St. Florians-Prinzip im Vordergrund steht. Ansonsten wird da Einfluß genommen, wo man direkt Einfluß nehmen kann und das ist eben die Anlage vor Ort und nicht der diskrete Lobbyraum im fernen Brüssel oder Bonn. Und für die Entwicklung weitreichender Planungen und Konzepte hat man ja eigentlich das Parlament gewählt. Daß Bürgerinitiativen aber auch hier aktiv werden müssen (zum Beispiel mit dem bayrischen Müllkonzept), spricht Bände über die hohe Politik.

Die durchgreifende Chemisierung des Alltags und der hohe Produktkonsum der Wegwerfgesellschaft haben irgendwo ein Ende: z.B. in den Abfallbergen, die zudem noch mit chemischen Schadstoffen hochbelastet sind (S. 106). Die nachgeschaltete Entsorgung kann hier nur sehr beschränkt zu einer Entlastung führen, selbst das Recycling ist nur ein Tropfen auf den heißen Stein, zumal der Schadstoffgehalt der Ausgangsstoffe oft problematisch ist. Das verheißungsvolle Losungswort der Abfallvermeidung heißt deshalb Produktentwicklung (S. 110). Sie ist gleichzeitig ein heißes Eisen, weil damit Markteingriffe verbunden sein könnten, und so flattert noch auf den höchsten Abfallbergen das Fähnlein der freien Marktwirtschaft. Freilich richtet sich gerade die existierende Marktwirtschaft wenig nach der Theorie: Weder werden die Kosten der verursachten Umweltschäden bezahlt, noch erhalten die Konsumenten die (theoretisch geforderte) Übersicht und den freien Datenzugang zum Markt.

Die Instrumente der Chemiepolitik

Die Chemiewende kann nur erfolgen, wenn der Wille vorhanden ist, wenn die Alternativen klar sind und die geeigneten Instrumente eingesetzt werden. Die nur schmalen Erfolge der Chemiepolitik, deutlich zum Beispiel beim Chemikaliengesetz (S. 120ff.), sind einerseits auf die hohe Produkt- und Stoffvielfalt, andererseits auf die fehlende Anwendung ökonomischer Instrumente zurückzuführen. Die Umweltpolitik greift auf eine Vielzahl von Instrumenten zurück (S. 116), die sich aus einem historischen und widersprüchlichen Entwicklungsweg ergeben haben – eine klare Konzeption ist nicht zu erkennen. Grundsätzlich lassen sich vier Kategorien der Marktsteuerung erkennen:

- direkte Steuerungsinstrumente, zum Beispiel Verbote oder Beschränkungen (Grenzwerte u. a.);
- indirekte Steuerungsinstrumente, zum Beispiel Verbrauchssteuern oder das staatliche Beschaffungswesen;
- gesetzlich festgelegte Warenkennzeichnung bzw. Deklarationspflichten;
- freiwillige oder unabhängige Verbraucheraufklärung, zum Beispiel das „Umweltzeichen" (S. 136) oder Testzeitschriften wie Öko-Test oder Stiftung Warentest.

Da der Chemieeinsatz entlang der Produktlinien nahezu alle Bereiche der Wirtschaft berührt, werden zur Regulierung praktisch alle Instrumente eingesetzt, meist jedoch nicht konsequent und untereinander abgestimmt. Bislang fehlt eine systematische Planung für die eingesetzten Instrumente, die die jeweiligen Vor- und Nachteile der Instrumente oder Kombinationen von Instrumenten („Instrumenten-Mix") untersucht.

Die oben genannte Stoff- und Produktvielfalt sowie deren Komplexizität führen dazu, daß

- die Grenzen des reinen Ordnungsrechts schnell erreicht sind und enorme Vollzugsdefizite auftreten;
- der Gesetzgeber mit Detailfestlegungen überfordert ist und sie deshalb an untere Behörden oder Gremien aller Art delegiert, wobei er einen Ermessensspielraum gibt;
- der Gesetzgeber zunehmend versucht, dem Erlaß von Gesetzen und Verordnungen aus dem Weg zu gehen, indem er freiwillige

Selbstverpflichtungen der Industrie akzeptiert oder entsprechende Vereinbarungen trifft.

Es bietet sich daher an, sich auf Instrumente zu konzentrieren,

- die die Mitwirkungsrechte von Betroffenen stärken (S. 134), damit der Entscheidungsspielraum nicht nur von Industrie und Behörden festgelegt wird („Beteiligungsinstrumente"); diese Instrumente sind, wie die Praxis zeigt, nicht vom Datenzugang (als einfache Form der Beteiligung) zu trennen;
- die ein wirtschaftliches Eigeninteresse der Industrie an einer umweltfreundlichen Produktgestaltung erzeugen, beispielsweise Ökoabgaben (S. 126) oder Produkthaftung;
- die auf freiwilligen Vereinbarungen oder vergleichbaren Regelungen basieren, aber unter Beteiligung aller betroffenen Kreise.

Für die Produktpolitik wird deshalb eine grundsätzliche Neuorientierung (S. 118) vorgeschlagen. Chemiepolitik und Produktpolitik können aber nur wirksam werden, wenn dazu ausreichend gesellschaftlicher Druck ausgeübt wird. Hierzu soll dieses Buch einen Beitrag leisten.

FCKW - Krebs für ein Jahrhundert

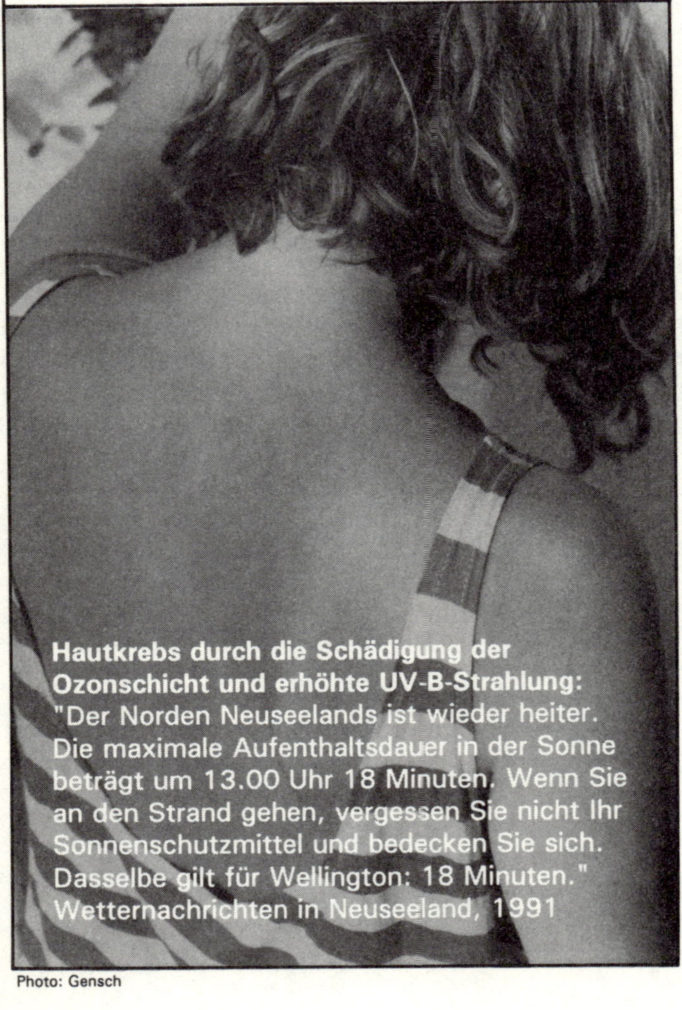

Photo: Gensch

Die Schädigung der Ozonschicht durch Fluorchlorkohlenwasserstoffe (FCKW) und die damit einhergehende Erhöhung der schädlichen UV-B-Strahlung gehen weiter. Die Folgen sind Hautkrebs (s. u.), Augenkrankheiten und Angriffe auf das Immunsystem des Menschen. Noch dramatischer werden voraussichtlich drohende Ernterückgänge bei Kulturpflanzen, Rückgänge der Fischerträge in den Weltmeeren und Rückwirkungen auf das Weltklima sein.

Die FCKW-Problematik ist typisch für die langfristigen Probleme der Chemie. Die FCKW sind vergleichsweise unreaktive („inerte") Stoffe, ungiftig und nicht direkt umweltschädlich. Ihre schädigende Wirkung entfalten sie erst in der stratosphärischen Ozonschicht, wobei sie bis zu 15 Jahre benötigen, um dorthin zu gelangen. Da sie nur langsam abbaubar sind, reichern sie sich zum Dauerproblem an. Etwa 6 Millionen Tonnen FCKW sind bereits in die Ozonschicht gelangt, weitere 12 Millionen Tonnen sind auf dem Weg dorthin (Gaber und Natsch 1991, S. 68–69). Die heutige Schädigung der Ozonschicht entspricht etwa der Emissionssituation bzw. FCKW- und Chlor-Anreicherung in der Stratosphäre bis zum Jahr 1980. Modellrechnungen zeigen: nach einem absoluten Produktions- und Anwendungsstop „sinkt der Chlorgehalt nach Erreichen einer Spitze von 4,1 ppbv (Anm: Konzentrationseinheit) in 2000 langsam bis etwa 2050 auf den Stand von 1986 und bis 2080 auf den Stand von 1980, das heißt etwa die Vorozonlochsituation ab" (Brühl 1992, S. 280). Wenn die sogenannten teilhalogenierten H-FCKW als Ersatzstoffe eingesetzt werden, wird sich eine „Erholung" vom maximalen Ozonabbau noch um mindestens weitere 20 Jahre hinauszögern – bis zum Jahr 2100.

Zwei Arten von Hautkrebs treten auf: Die Basalzell- und Plattenepithelkarzinome der Epidermiszellen der Haut stellen die häufigste Form des Hautkrebses dar. Die bösartigen Tumore der Pigmentzellen der Haut (maligne Melanome) kommen weniger oft vor, sind aber ungleich gefährlicher und enden häufiger tödlich. Die Effekte nehmen überproportional zu: Eine fünfprozentige Schädigung der Ozonschicht würde beispielsweise bereits zu 25 Prozent mehr Plattenepithelkarzinomen und zu 14 Prozent mehr Basalzellkarzinomen führen.

Nordsee ist Mordsee

Jährliche Schadstoffeinträge in die Nordsee

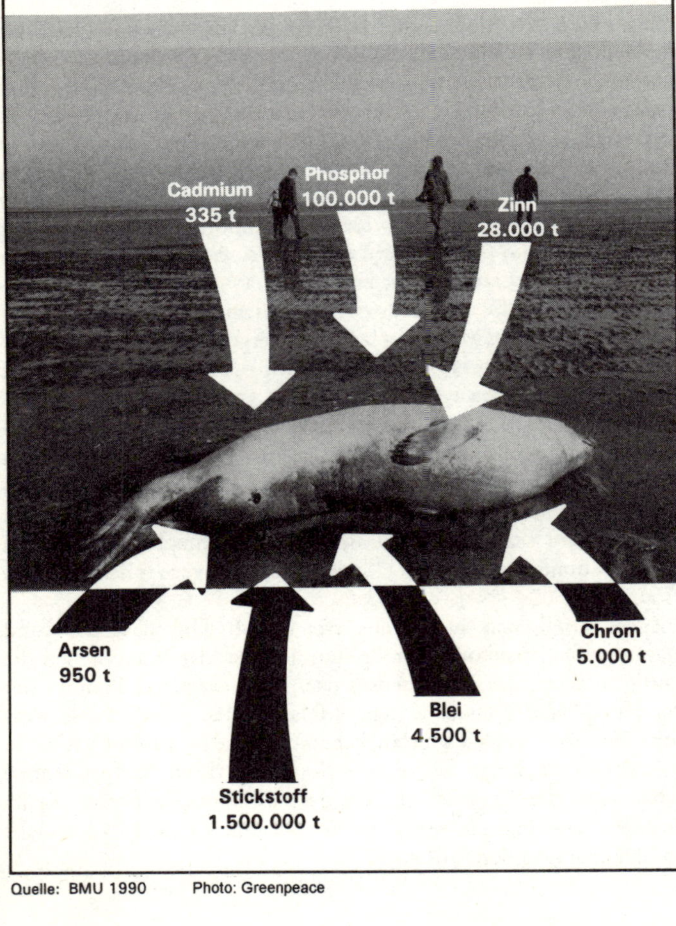

Quelle: BMU 1990 Photo: Greenpeace

Wer der Mörder der Robben und Verursacher des großen Robbensterbens im Jahr 1988 war, kann nicht bewiesen werden. Auch die Verursacher von immer wieder auftretender Sauerstoffknappheit, giftigen Algenblüten und Fischsterben können nicht direkt enttarnt werden. Im Fall der Robben ist es plausibel, daß die langjährige Belastung mit den verschiedensten Umweltgiften zur Schwächung der Robben führte, so daß sie sich letztlich nicht gegen eine Infektionskrankheit wehren konnten. Die indirekten Verursacher der Algenblüten lassen sich eher eingrenzen: verantwortlich sind wahrscheinlich die Stickstoff- und Phosphorverbindungen, eigentlich Nähr- und Strukturstoffe, die aber – legal – in riesigen Mengen in die Nordsee eingeschleust werden und in Küstennähe zur „Überdüngung" (Eutrophierung) führen – und damit letztlich ähnliche Wirkungen haben wie Giftstoffe im engeren Sinne (von Osten 1991). Zuerst werden vor allem die Ökosysteme betroffen, die – wie die Nordsee oder die Sedimente der Flüsse – als „Senke" und Speicher für die zahlreichen Umweltgifte dienen. Ausgebaggerter Hafenschlick ist Sondermüll – im Rotterdamer Hafen sind es jährlich etwa 23 Millionen m^3 (ICU 12/1987, S. 6). Das Nordseewasser wird nur langsam mit Atlantikwasser ausgetauscht und in Küstennähe werden noch höhere Schadstoffkonzentrationen gemessen, was auf Einleitungen durch Flüsse und entlang der Küste aus zurückzuführen ist. Dennoch ist es – überraschend – falsch, die Belastung der Nordsee allein durch den Schadstoffeintrag über Flüsse zu erklären. Zum einen wurden in der Nordsee jahrelang Abfälle „verklappt": zwischen 1976 und 1985 wurden beispielsweise 700000000 t Baggergut, 55000000 t Klärschlamm, 17000000 t Flugasche und Grubenabraum, 17000000 t Abfälle aus der Titandioxidproduktion und 6900000 t flüssige Abfälle und Schlamm – legal – in die Nordsee geschüttet, hinzu kamen Reststoffe der Hohen-See-Verbrennung, Öl aus der Erdölförderung u. a. m. Zum anderen geriet ein beträchtlicher Teil der Schadstoffe über die Luft (!) in die Nordsee: bei den Schwermetallen Blei und Cadmium wurde der Anteil auf bis zu 70% geschätzt und selbst bei den Stickstoffeinträgen lag der atmosphärische Anteil noch bei etwa 26% (Bundestagsdrucksache 11/878).

Die Muttermilch der Industriegesellschaft

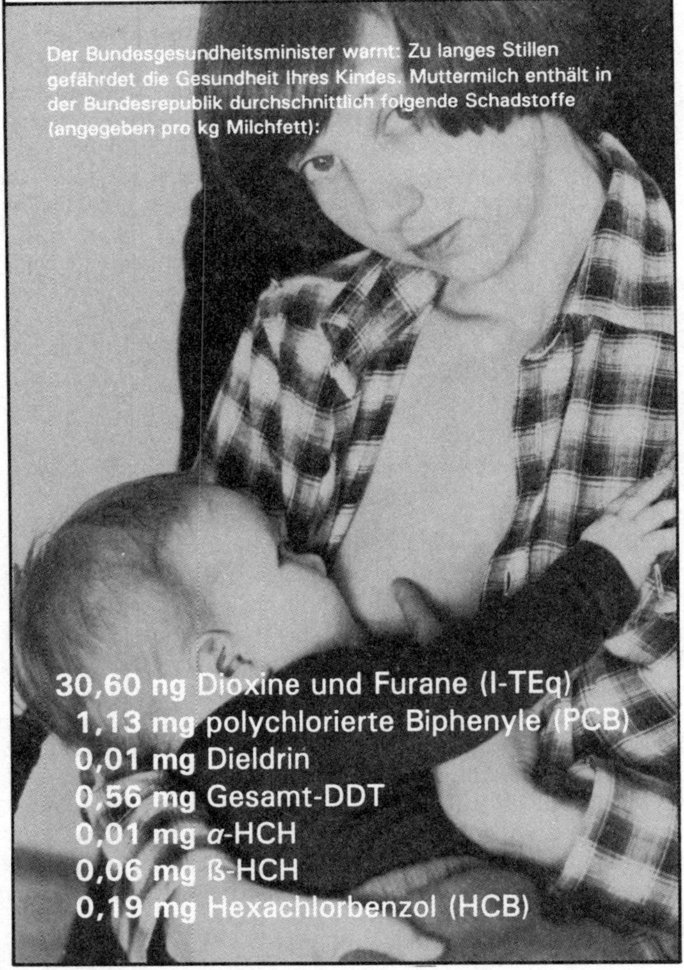

Quelle: Miethe et al. 1989; Beck et al. 1991 Photo: dpa

Die Chemikalienbelastung der Muttermilch macht deutlich, was wir unseren Kindern und nachfolgenden Generationen zumuten. Die Bedeutung von Muttermilch in den ersten Lebensmonaten des Säuglings kann gar nicht hoch genug eingeschätzt werden (Müller und Kaiser 1991): Sie stellt eine natürliche, optimale Ernährungsform dar. Sie reicht in der Regel aus, um den Energie- und Nährstoff-, Spuren- und Mineralstoffbedarf des Säuglings zu decken. Sie ist leicht verdaulich, enthält Stoffe zur Regulation des empfindlichen Verdauungssystems des Säuglings. Sie enthält ferner wichtige Immunstoffe und keine Fremdproteine (mögliche Allergene). Sie ist keimarm, erfordert keine „Hilfsutensilien" zur Zubereitung (wie sauberes Wasser, Kochgelegenheit etc.) und ändert sich während des Stillvorgangs in ihrer Zusammensetzung gemäß den Bedürfnissen des Säuglings: erst etwas „dünner" gegen den Durst, dann nahrhafter. Die psychische Wechselwirkung während des Stillens trägt wesentlich zur Entwicklung des Kindes bei. Wegen der überragenden Bedeutung der Muttermilch raten die Ärzte dazu, trotz der hohen Schadstoffbelastung zu stillen, die Stillzeit aber eher zu verkürzen. Die Schadstoffe wirken in den durchschnittlich gefundenen Konzentrationen nicht akut giftig, sie übersteigen aber die unter Vorsorgegesichtspunkten und im Hinblick auf langfristige Beeinträchtigungen festgelegten „duldbaren" Konzentrationen bzw. Aufnahmemengen. Kuhmilch mit der gleichen Schadstoffbelastung dürfte nicht verkauft werden. Die Schadstoffe stammen aus der landwirtschaftlichen Anwendung als Pestizid (z.B. DDT, Dieldrin, HCH) und aus industriellen Quellen (PCB, Dioxine und Furane). Die fettlöslichen Stoffe werden jeweils hauptsächlich über die Nahrungskette (Umweltmedien-Pflanzen-Tier-Mensch) angereichert. Nur bei den (längst verbotenen) Pestiziden ist in den letzten Jahren eine Abnahme zu erkennen. Besonders hoch ist die Belastung mit Dioxinen und Furanen, den „Leitgiften" der Industriegesellschaft. Hier wird die duldbare Aufnahmemenge um etwa das Hundertfache überschritten, wenn man den in der Bundesrepublik gültigen Richtwert (1 pg TE/kg · d) zugrundelegt. Kritische Wissenschaftler (ICU 10/1991, S. 4–7) fordern allerdings einen zehnfach niedrigeren Richtwert (0,1 pg TE/kg · d) – dann wäre die duldbare Aufnahmemenge um das Tausendfache überschritten!

Trautes Heim, mit Gift allein

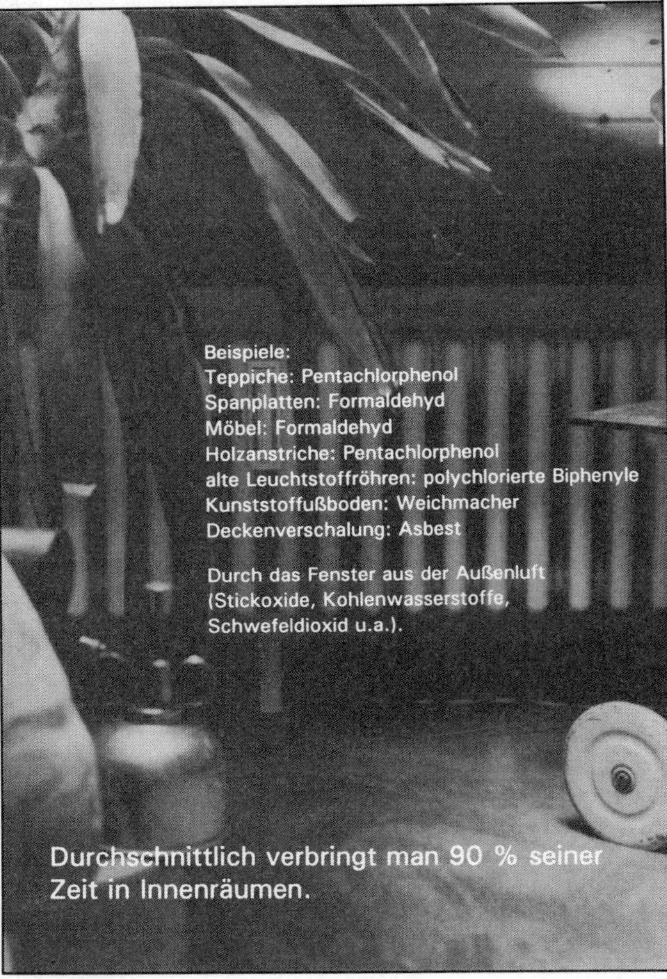

Foto: Gensch

Holzschutzmittelvergiftungen, Formaldehydallergien und krebserzeugendes Asbest haben schon lange deutlich gemacht, welch hohes Giftpotential in Innenräumen stecken kann – sei es im Wohnzimmer, in der Schule, im Kindergarten oder im Büro. Wohin man im Zimmer auch blicken kann, sind Giftquellen denkbar: Pentachlorphenol (PCP) in Holzanstrichen und Teppichen, Formaldehyd in Spanplatten, Möbeln, Klebstoffe in Teppichböden, Polychlorierte Biphenyle (PCB) in Kondensatoren von Leuchtstoffröhren und in Dichtungsmassen, Asbest in Deckenverschalungen, Weichmacher aus PVC-Kunststoffen, Pyrethroide aus der Schädlingsbekämpfung usw. Hinzu können Schadstoffe aus der Außenluft (Verkehr, Chemische Reinigung etc.) und – nicht zu vergessen – vom Rauchen kommen. Daneben können aber auch nicht-chemische Faktoren die Gesundheit beeinträchtigen wie z.B. zu trockene Luft oder Mikroorganismen aus der Klimaanlage. Die Innenraumbelastung ist aus mehreren Gründen bedeutsam (SRU 1987): Der Mensch hält sich durchschnittlich etwa zu 90% seiner Zeit in Innenräumen auf. Durch Schadstoffe aus der Außenluft und Emissionen aus Baumaterialien, Einrichtungsgegenständen etc. ist er in Innenräumen vielen Schadstoffen zugleich ausgesetzt – in einem amerikanischen Altersheim wurden beispielsweise in der Innenraumluft 350 Schadgase identifiziert. In Innenräumen ist auch noch die Konzentration vieler Schadstoffe gegenüber der Außenluft um ein Vielfaches erhöht. Dann sind in privaten Haushalten auch eher empfindliche Bevölkerungsgruppen vertreten, wie z.B. Kleinkinder, Alte, Schwangere oder Kranke. Eine gründliche Überprüfung eingesetzter Materialien ist daher besonders wichtig – wurde aber von Industrie und Gesetzgeber entscheidend vernachlässigt. Die Verbraucher werden allein gelassen. Als negatives Paradebeispiel gelten die PCP-haltigen Holzschutzmittel, um die derzeit Produkthaftungsprozesse geführt werden. Die 1992 auf einem Kongreß verabschiedete „Düsseldorfer Erkärung“ faßt wesentliche Forderungen an Gesetzgeber und Industrie zusammen: Verbot von Bioziden in Innenräumen, Normung und Auswahl von Baumaterialien unter Einbeziehung gesundheitlicher Aspekte zur Vermeidung von Luftverunreinigungen, Deklaration der Inhaltstoffe; regelmäßige Prüfungen von Klimaanlagen; Nichtraucherschutz (ICU 3/92, S. 12–14).

Ein Störfall kommt selten allein

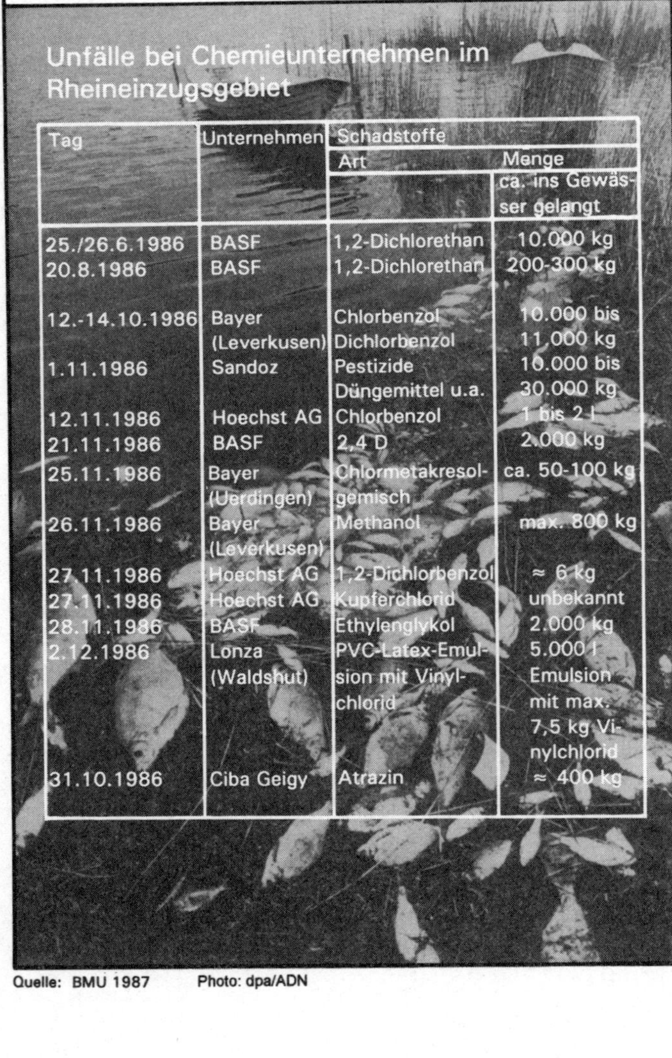

Unfälle bei Chemieunternehmen im Rheineinzugsgebiet

Tag	Unternehmen	Schadstoffe Art	Schadstoffe Menge ca. ins Gewässer gelangt
25./26.6.1986	BASF	1,2-Dichlorethan	10.000 kg
20.8.1986	BASF	1,2-Dichlorethan	200-300 kg
12.-14.10.1986	Bayer (Leverkusen)	Chlorbenzol Dichlorbenzol	10.000 bis 11.000 kg
1.11.1986	Sandoz	Pestizide Düngemittel u.a.	10.000 bis 30.000 kg
12.11.1986	Hoechst AG	Chlorbenzol	1 bis 2 l
21.11.1986	BASF	2,4 D	2.000 kg
25.11.1986	Bayer (Uerdingen)	Chlormetakresol-gemisch	ca. 50-100 kg
26.11.1986	Bayer (Leverkusen)	Methanol	max. 800 kg
27.11.1986	Hoechst AG	1,2-Dichlorbenzol	≈ 6 kg
27.11.1986	Hoechst AG	Kupferchlorid	unbekannt
28.11.1986	BASF	Ethylenglykol	2.000 kg
2.12.1986	Lonza (Waldshut)	PVC-Latex-Emulsion mit Vinylchlorid	5.000 l Emulsion mit max. 7,5 kg Vinylchlorid
31.10.1986	Ciba Geigy	Atrazin	≈ 400 kg

Quelle: BMU 1987 Photo: dpa/ADN

1. November 1986: Totensonntag für den Rhein. In der Lagerhalle der Sandoz AG in Schweizerhalle/Basel, in der etwa 1000 t Agrochemikalien und Farben gelagert sind, bricht ein Feuer aus und breitet sich mit hoher Geschwindigkeit aus. Mit dem Löschwasser geraten etwa 10–13 t der Chemikalien (Pestizide, Düngemittel, Farben u. a.) in den Rhein und töten über Hunderte von Kilometern nahezu den gesamten Fischbestand und andere Wasserorganismen. Dem geschärften Blick der Öffentlichkeit und der Presse ist es zu verdanken, daß eine Reihe weiterer, weniger gravierender Rhein-Unfälle in anderen Firmen bekannt werden, die sich kurz vor oder nach Sandoz ereignet haben (BMU 1987): Unfälle und Betriebsstörungen als Normalität. Aufgrund der Rheinkatastrophe wurden die bundesdeutsche Störfall-Verordnung und zugehörige Verwaltungsvorschriften sowie die sog. Seveso-Richtlinie der EG novelliert – ungenügend, wie das Öko-Institut befand. Eine weitere Novellierung der bundesdeutschen Störfall-Verordnung war wegen ungenügender Umsetzung der EG-Richtlinie notwendig. Die neue Störfall-Verordnung ist am 1. 1. 91 in Kraft getreten. Das Öko-Institut forderte u. a. eine Ausweitung des Geltungsbereichs der Störfall-Verordnung, mehr Mitspracherechte für Arbeitnehmer, Anwohner und Kommunen und die sofortige Weiterleitung von Störungsmeldungen an die Öffentlichkeit. Vor Inkrafttreten der neuen Störfall-Verordnung weigerten sich die meisten Behörden sogar, die Standorte von Anlagen nach der Störfallverordnung bekanntzugeben. Kaum ausgeschöpft wird die Möglichkeit, auf störfallrelevante Chemikalien durch Ausweichen auf unproblematischere Chemikalien bzw. Prozesse zu verzichten; ebensowenig ist bisher eine Bedarfsprüfung für die Stoffe bzw. Produkte vorgesehen (Fendler und Führ 1988, Fendler 1992). Die Folgen der in der Abbildung gezeigten vielen kleineren Unfälle auf die Umwelt verblassen hinter der Normalität der *genehmigten* Einleitungen! Die Sandoz-Rheinkatastrophe war nur deshalb so dramatisch, weil die giftigen Pestizide (vor allem Phosphorsäureester) hochkonzentriert in einer „Stoßwelle“ den Rhein hinuntergespült wurden. Ansonsten sind 10 Tonnen Pestizide wenig im Vergleich mit etwa 30 000 Tonnen Pestiziden, die jährlich in der Bundesrepublik ganz legal und direkt in der Umwelt ausgebracht werden.

Kleinvieh gibt auch Mist

Campingtoiletten:
15.000 Tonnen Chemikalien pro Jahr (Formaldehyd, Tenside u.a.)

Lärmtröten:
100 Tonnen FCKW-pro Jahr ≙ Kältemittelinhalt von **660.000** Kühlschränken

Schrotschießplätze:
15.000 Tonnen Blei und **68 Tonnen** Arsen

Quelle: ICU 11/1989; ICU 10/1990

Die Chemieproblematik wird oft assoziiert mit großen Chemieanlagen und besonders problematischen Chemieprodukten wie zum Beispiel den Pestiziden. Dies ist nur ein Teil der Wahrheit. Hinzu kommen die Umweltprobleme durch typische Industrieprodukte wie das Auto, Kühlschränke (S. 102), Spraydosen (S. 90) u. a. m. Aber auch nahezu unbekannte „Klein"-Probleme können große Beiträge zur Umweltbelastung liefern:

- In den sogenannten „*Chemietoiletten*" in Camping- und Reisebussen werden jährlich etwa 10000 bis 15000 Tonnen harter Chemikalien eingesetzt und sehr häufig am Straßenrand oder in der freien Natur abgelassen (ICU 7/90, S. 11–12) – trotz Verbots nach § 326 Strafgesetzbuch. Typische Inhaltsstoffe sind biozide Mittel wie Formaldehyd (bis zu 24 Prozent!) sowie nichtionische und kationische Tenside. Bei einer Formaldehydkonzentration ab 25 Prozent müßten die Mittel gemäß Gefahrstoff-Verordnung das „Totenkopf"-Warnzeichen tragen. Die Mittel tragen dagegen oft Werbeaufdrucke wie „Bio", „Green" oder „100% abbaubar" (vgl. ICU 10/90, S. 7–8). *So wird die Natur die Toilette hinuntergespült.*
- Die sogenannten „*Lärmtröten*" oder „Gasdruckfanfaren" werden von Fans bei Sportveranstaltungen eingesetzt. Bis 1991 war es zulässig, die ozonschädigenden FCKW als Druckgas zu verwenden. Zwei Minuten Dauerton führten zur Freisetzung von etwa 300 Gramm FCKW (Henseling 1991). Nach Schätzungen des Umweltbundesamts wurden so jährlich etwa 100 Tonnen FCKW freigesetzt. Etwa gleichviel FCKW sind als Kältemittel in 660000 Kühlschränken (!) enthalten. *Zwei Minuten Dauerton und es wird still in der Natur.*
- Auf *Schrotschießplätzen* wird bevorzugt mit Bleischrot auf Tontauben geschossen. Nach einer Studie des Umweltbundesamts sind auf den 655 Schrotschießplätzen der Bundesrepublik (alt) auf diese Weise bisher ca. 15000 Tonnen Blei (!), 198 Tonnen Antimon und 68 Tonnen Arsen in die Umwelt gelangt (ICU 11/1989, S. 5). Jährlich kommen ca. 670 Tonnen Blei neu hinzu. Die durchschnittliche Flächenbelastung der Schrotschießplätze mit Blei liegt bei ca. 16 Gramm/Quadratmeter. *Volltreffer für die Umwelt.*

Chemie ist überall

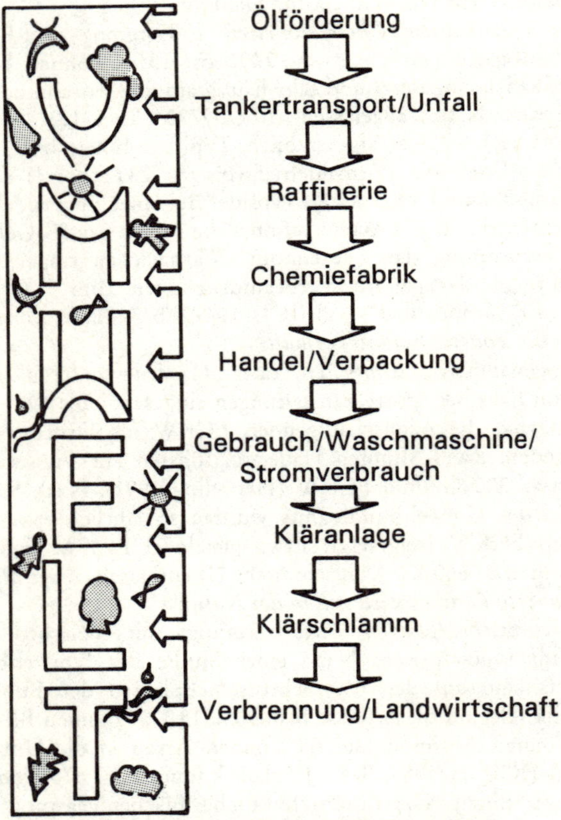

Chemieeinsatz und Auswirkungen am Beispiel eines Waschmittels

„Chemie ist, wenn es knallt und stinkt" – lautet eine alte Schülerweisheit. Auch heute noch ist das Bild der „Chemie" in der Öffentlichkeit von eher spektakulären Auswirkungen wie Störfällen oder „giftigen" Pestiziden geprägt. Die Breite des Chemieeinsatzes und dessen langfristige Auswirkungen sind damit nur unzureichend erfaßt, genausowenig wie die Tatsache, daß sogar Pflanzennährstoffe wie Stickstoff und Phosphat zum Chemie-Problem (S. 22) werden können. Die Vorstellungen, was unter „Chemie" als Gegenstand von Chemiepolitik zu verstehen ist, gehen weit auseinander. Unter „Chemie" werden z.B. verstanden: Chemikalien allgemein, Giftstoffe, Umweltschadstoffe, Naturprozesse, chemische Reaktionen, chemische Technik, Chemieindustrie (Ueberhorst und de Man 1990). Tatsächlich geht die stoffliche Seite des Wirtschaftens weit über die eigentliche Chemie (im traditionellen Verständnis) und über die Chemieindustrie hinaus.

Im Folgenden wird der Begriff der Chemie bzw. der Umweltchemikalien so verwendet, wie er im Umweltprogramm 1971 der Bundesregierung definiert wurde. Danach sind Umweltchemikalien Stoffe, die durch menschliches Zutun – beabsichtigt oder unbeabsichtigt – in die Umwelt gebracht werden und Mensch und Umwelt gefährden können.

Mit diesem Verständnis werden ausdrücklich nicht nur Produkte der Chemieindustrie erfaßt, sondern auch Rohstoffe, Emissionen und Abfälle, sowie Stoffe und Produkte, die in anderen Industriebranchen, im Verkehr und in der Landwirtschaft eingesetzt werden: Beispielsweise Fluoremissionen bei der Aluminiumgewinnung, organische Lösemittel in der Metallindustrie, Dünger und Pestizide in der Landwirtschaft, Holzschutzmittel in Haushalten oder Kunstfasern in der Textilindustrie.

Die notwendigerweise breite Definition zeigt zugleich die Schwierigkeit auf, den vielfältigen Chemieeinsatz zu überblicken und eine vorsorgende Chemiepolitik zu betreiben. Einerseits müssen die Spezifika der Chemieindustrie (S. 34) und des Chemieeinsatzes (S. 38) berücksichtigt werden, andererseits die verschiedensten Anwendungsbereiche in der Gesamtwirtschaft (S. 36). Die weiteren Bücher der Reihe Gute Argumente zu den Bereichen Verkehr, Landwirtschaft, Energie und Gentechnologie bilden hier eine gute Ergänzung.

Die vielen Gesichter der Chemieindustrie

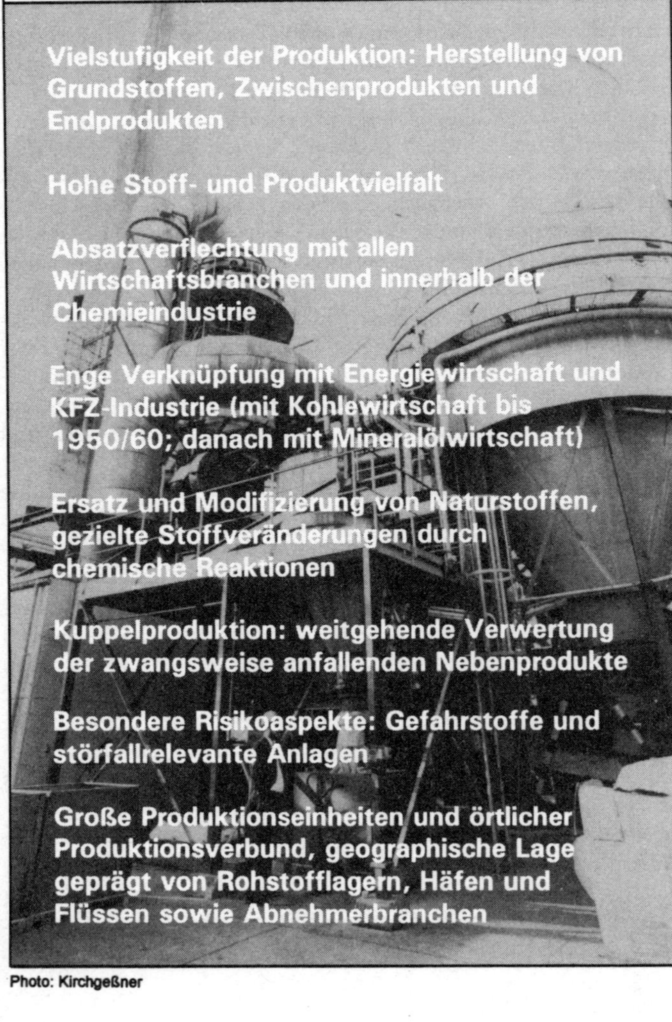

Photo: Kirchgeßner

Obwohl „Chemische Industrie" ein in der Wirtschafts- und Produktionsstatistik gebräuchlicher Begriff ist, bestehen hinsichtlich der Abgrenzung Unklarheiten und im internationalen Vergleich Unterschiede (Kersten 1991, S. 32).

Das Statistische Bundesamt umfaßt unter „Chemischer Industrie" bzw. der Gütergruppe 40 „Chemische Erzeugnisse" all die Unternehmen bzw. Branchen, die sich ausschießlich oder vorwiegend der Gütererzeugung mit den Mitteln der Chemie bzw. der Chemischen Technik widmen. Dazu gehören Pharmaindustrie (anders als in den USA), Chemiefaserindustrie (anders als in Frankreich und Großbritannien), aber nicht die Mineralölindustrie und nicht die Kunststoffverarbeitende Industrie.

Die Chemieindustrie hat innerhalb der Gesamtwirtschaft eine zentrale Stellung. Sie bestimmt den Stoffumsatz in verarbeitenden Branchen und die Entwicklung neuer Produktbereiche maßgeblich. Die „Chemisierung" von Produktion und Alltag ist durchgängig, die Welt ist „aus der Retorte".

Die wesentlichen Spezifika der Chemieindustrie werden in der nebenstehenden Abbildung gezeigt. Speziell für die bundesdeutsche Industrie können folgende Spezifika ergänzt werden:

- Hoher Grad an technischer Innovation und an Forschungs- und Entwicklungstätigkeit, die zudem zu etwa 95 Prozent eigenfinanziert ist.
- Sehr hohe Exportquote (um die 50 Prozent schwankend) und hohe internationale Verflechtung.
- Hohe „chemische" Dichte: Gemessen an der Chemieproduktion pro Einwohner oder Fläche liegt die Bundesrepublik nach Japan weltweit auf dem zweiten Platz.

Die Struktur der ehemaligen DDR-Chemieindustrie wies hierzu deutliche Unterschiede auf, vor allem durch die Verwendung von Kohle als Rohstoffbasis, durch die veralteten Anlagen und mangelhafte Umweltschutzmaßnahmen, sowie durch die Ausrichtung auf den Osthandel und ein ausgeprägtes Autarkiebestreben gegenüber dem Westmarkt.

Die Chemieindustrie im Mittelpunkt

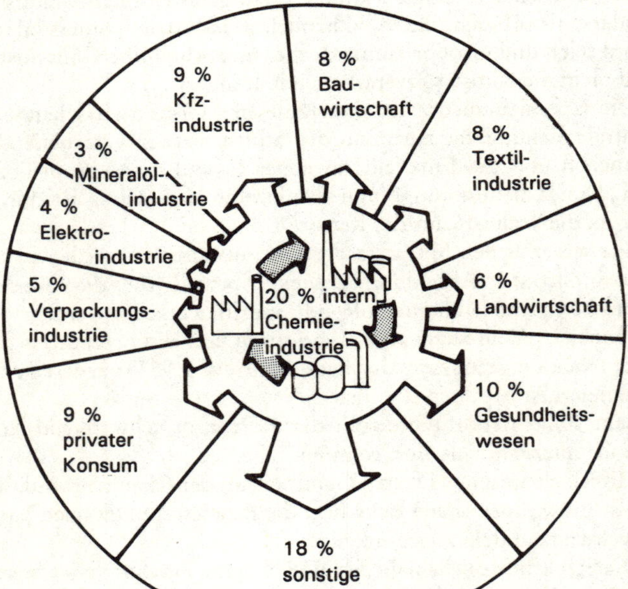

Absatzverflechtung der Chemieindustrie, Inland 1990

Quelle: Chemische Industrie 8/1991, S. 12

Während die Chemieindustrie in den historischen Anfangsjahren als Hilfs- oder Zulieferindustrie (vorwiegend für die Textilindustrie) fungierte, wurde sie schnell zur stofflichen Grundlage für nahezu alle Bereiche und zur Gestalterin völlig neuer Produktbereiche und Industriezweige (zum Beispiel Pharmazeutische Industrie, Chemiefaserindustrie, Kunststoffindustrie).

Keine wichtige Branche und kein Endverbraucherbereich kommt heute ohne „Chemie“ aus.

Vom Umsatz her stellt die Chemieindustrie nach Kraftfahrzeugbau und Maschinenbau den drittgrößten Industriezweig dar, aber selbst diese beeindruckenden Zahlen stufen die Chemieindustrie in der Bedeutung zu tief.

Davis hat versucht, den strategischen Einfluß der Chemischen Industrie auf die Gesamtwirtschaft abzuschätzen, nach seiner Meinung beträgt er 40 Prozent (Davis 1982).

Der Chemieumsatz (ohne fachfremde Umsätze) lag 1990 in Deutschland bei 162,5 Milliarden DM, davon 91,6 Milliarden DM im Inland und 71,0 Milliarden DM im Ausland.

Die Chemieindustrie ist stark exportorientiert. 52 Prozent des Umsatzes (84,5 Milliarden DM) gingen in den Export, der Import lag bei 53,1 Milliarden DM. Die Beschäftigtenzahl betrug 592 000.
Drei Aspekte verdienen besondere Bedeutung:

- Innerhalb der Chemieindustrie besteht eine hohe Lieferverflechtung: wichtigster Abnehmer der Chemieindustrie ist die Chemieindustrie selbst (Otzen 1991).
- Mit der Energiewirtschaft und Mineralölwirtschaft bzw. der Treibstoffproduktion für Kraftfahrzeuge besteht eine branchenübergreifende Verflechtung (Grießhammer 1992, S. 33 ff).
- Die Chemieindustrie steht in einem engen Kontakt mit verarbeitenden Branchen und den Anwendern ihrer Produkte.
  Vor allem die mittelständisch geprägte Textilindustrie und die kunststoffverarbeitende Industrie stehen unter großem Einfluß der Chemieindustrie. „Die Chemieindustrie trägt mit ihrer Stoffkenntnis hier eine besondere Verantwortung“ (Pohle 1991, S. 5).

Viel Chemie - Viele Produkte
Viele Probleme

Produktion organischer Chemikalien (weltweit)

Hohe Stoff- und Produktvielfalt

Auf dem Markt sind:

- **ca. 100.000** Chemikalien (sog. "Altstoffe")
- **einige Zehntausend** Materialien bzw. Werkstoffe
- **2 Millionen Produkte**

Quelle: Amecke 1987

Die Zahl der bekannten chemischen Stoffe liegt bei etwa 8 Millionen und erhöht sich täglich um etwa 1000 Chemikalien. Wirtschaftlich relevant sind die etwa 100000 Altstoffe (S. 120), die dem Chemikaliengesetz unterliegen, wobei immerhin noch ca. 4600 Chemikalien eine Jahresproduktion von mehr als 10 Tonnen aufweisen. Die Produkt- und Stoffvielfalt läßt sich an den 20000 Wasch- und Reinigungsmitteln (mit insgesamt etwa 1000 verschiedenen Inhaltsstoffen, vgl. S. 92–99) oder an den 8000 Textilchemikalien verdeutlichen, die auf dem Markt sind. Für den Nicht-Chemiker ist es sicher überraschend, daß viele technisch eingesetzten Chemikalien gar keine Einzelstoffe sind: „Beispiele von chemischen Stoffen, die komplexe Substanzgemische darstellen, sind die mehrfach chlorierten (polychlorierten) Biphenyle (PCB), Naphthaline, Dibenzodioxine (PCDD) und Dibenzofurane (PCDF); Benzin und andere Kraftstoffe; Teeröle und viele andere; diese Gemische bestehen oft aus hunderten bis tausenden Einzelstoffen.... Produkte verschiedenster Art enthalten oft Chemikalien als Stabilisatoren, Farbstoffe, Weichmacher, Biozide etc., wobei die Konzentration der Zusätze in weiten Grenzen schwanken kann“ (Klöpffer 1991, S. 25–26). Die spezifischen Besonderheiten der hohen Stoff- und Produktvielfalt und -komplexizität führen zu Problemen bei Grenzwertfestlegungen und anderen Reglementierungen: „Die neue Chemikalienpolitik hat zwei Problemkomplexe hervorgerufen: einerseits das Problem, die Vielzahl der Stoffe angesichts einer theoretisch und praktisch beschränkten Beurteilungskomplexizität zu beurteilen, andererseits das Problem, wie sich eine chemiepolitische Diskussion über strategische Alternativen der Chemieentwicklung mit der Komplexizität der Einzelstoffbeurteilungen verbinden läßt“ (Ueberhorst und de Man 1990, S. 118/119).

Die Grenzen des reinen Ordnungsrechts sind schnell erreicht, die Vollzugsdefizite enorm – ohne daß die Produktpolitik angemessen darauf reagiert. Die beim Stoff- und Produktbereich festzustellende Komplexizität findet ihre Entsprechung in einer Vielzahl von chemischen Prozessen und chemierelevanten Anlagen – etwa 60000 Anlagen sind allein dem Bundesimmissionsschutzgesetz unterworfen.

Die Produkte der Chemieindustrie

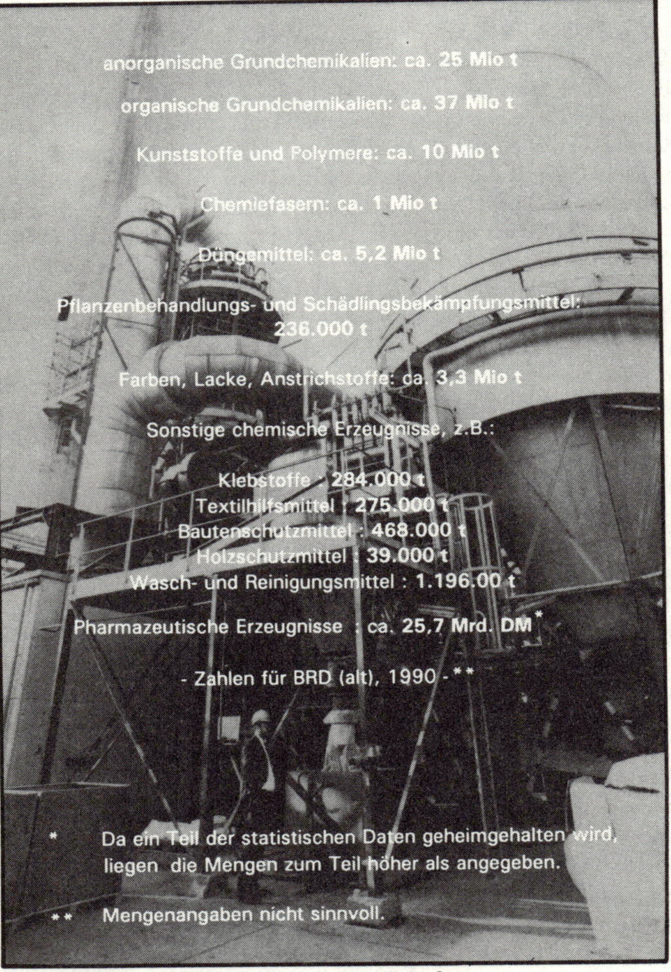

Quelle: Stat. Bundesamt 1991; VCI 1991 Photo: Kirchgeßner

Im „Güterverzeichnis für Produktionsstatistiken" des Statistischen Bundesamts sind unter der Gütergruppe 40 „Chemische Erzeugnisse" aufgelistet. Der hohe Anteil der gehandelten anorganischen und organischen Grundchemikalien belegt einmal mehr, wie hoch die Lieferverflechtung *innerhalb* der Chemieindustrie ist (vgl. S. 36). Von einigen Ausnahmen abgesehen, sind die Produkte der Chemischen Industrie ansonsten dadurch gekennzeichnet, daß sie mit vergleichsweise geringem Aufwand „zusammengemischt" und nicht oder wenig mechanisch weiterverarbeitet werden (der Aufwand für die Entwicklung der Produkte kann allerdings – zum Beispiel bei Pestiziden oder Arzneimitteln – recht hoch sein).

Auffällig ist der hohe Anteil von „Problem"-Produkten, die „umweltoffen" eingesetzt werden, also bei Gebrauch bestimmungsgemäß freigesetzt werden, beispielsweise Pestizide und Düngemittel oder Wasch- und Reinigungsmittel. Der Vorteil der Produkte, daß sie ohne größere mechanische Verarbeitung schon rein „chemisch" wirken, stellt aber – in Kombination mit der Freisetzung in Luft, Wasser und Boden – gerade die große Gefahr für Mensch und Umwelt dar!

Bei den synthetischen Materialien (Kunststoffe, Kunstfasern) trägt die Chemieindustrie allerdings auch im Bereich der vor allem abfallrelevanten Produkte eine hohe Verantwortung. Besonders evident ist dies beim Massenkunststoff PVC, dem wichtigsten Chlorchemie-Produkt der Chemieindustrie (vgl. S. 42 und S. 104).

Eher untypisch in der Stoffpalette sind die lukrativen Pharmaka, die nur mit einem geringen Mengenumsatz verbunden sind und bestimmungsgemäß vom Menschen verstoffwechselt werden. Nutzen und Risiken liegen hier in der Regel beim Anwender – im Gegensatz zu anderen Umweltchemikalien, bei denen die Risiken meist von der Allgemeinheit getragen werden.

Ein abschließender Blick auf die Produktpalette zeigt freilich, daß diese nur einen Teil der Chemieproblematik (vgl. Definition von Chemie: S. 32) repräsentiert. Es gibt zahlreiche außerhalb der Chemieindustrie hergestellte oder verarbeitete Produkte, die eine hohe Umweltbelastung bewirken, zum Beispiel Autos, Spraydosen (S. 90) oder Elektronikgeräte (S. 110). Über Vorprodukte ist die Chemieindustrie aber auch hier mit im Spiel.

Der Ausstieg aus der Chlorchemie

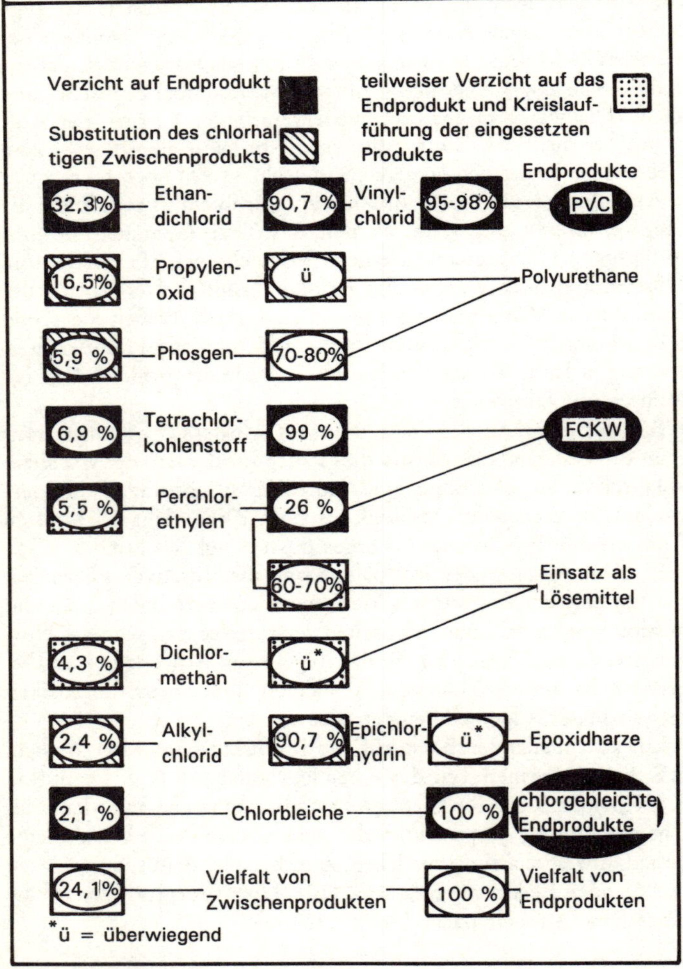

Quelle: Nolte und Joas 1991

Innerhalb der „Chemie" ist besonders die Chlorchemie heftig umstritten. Sie ist durch eine Vielzahl höchst problematischer Endprodukte wie etwa chlororganische Pestizide (z.B. DDT, 2,4,5-T), Lösemittel (z.B. Tetra, Chloroform, Per), die Polychlorierten Biphenyle (PCB), den Massenkunststoff PVC (S. 104), die FCKW (S. 20), Störfalle und Unfälle zu Recht in Verruf gekommen. Problematisch sind aber auch brisante Zwischenprodukte wie etwa Vinylchlorid, Phosgen und Epichlorhydrin und hochgiftige Verunreinigungen (Dioxine) in Produkten und Abfall (Lahl u. Zeschner-Lahl 1990). Ein Pauschalverdacht gegen die Chlorchemie und erst recht gegen chlororganische Endprodukte erscheint daher gerechtfertigt (Grießhammer 1988a; Winteler und Ahrens 1990). Immer wieder taucht der Verdacht auf, daß viele problematische Produkte nur wegen ihrer Stellung in der gesamten Chlor-Verbund-Produktion auf dem Markt gehalten werden (S. 44). Die Chemieindustrie verweist dagegen auf die zentrale Stellung von Chlor sowohl in Endprodukten als auch in Zwischenprodukten (die zu chlorfreien Endprodukten führen): durch die Chlorchemie sollen etwa 100 Milliarden DM bzw. 60% des Umsatzes der Chemischen Industrie tangiert sein. Die Zahl der Einzelprodukte und der Umsatz bei den nur über die Chlorroute hergestellten chlorfreien Endprodukten sei größer als die der chlorhaltigen Endprodukte, die eingesetzten Chlormengen aber etwa gleich hoch. Bedingt durch die Informationszurückhaltung der Chemieindustrie stammen die genausten, mühsam zusammengetragenen Stoffflußzahlen aus dem Jahr 1987 (Nolte und Joas 1991). Später vorgelegte Zahlen der Chemischen Industrie sind nicht ausreichend aufgeschlüsselt (VCI 1992). Die Entwicklung ist in den einzelnen Bereichen sehr unterschiedlich: einerseits sinkt die Verwendung der CKW-Lösemittel, geht die Chlorbleiche zurück und sind die FCKW ab 1995 verboten, andererseits nimmt der Einsatz für Polyurethane und Epoxidharze zu und neue chlorrelevante Produkte (wie z.B. H-FCKW) kommen auf den Markt. Allein etwa drei Viertel des Chloreinsatzes könnten durch sechs Schritte wegfallen: Verzicht auf den Einsatz von PVC, FCKW und der Chlorbleiche; alternative, chlorfreie Herstellungsverfahren für Polyurethane und Epoxidharze; Verzicht auf CKW-Lösemittel oder Rückhaltung und Recycling der Lösemittel.

Wie der Sondermüll im Ozonloch endet

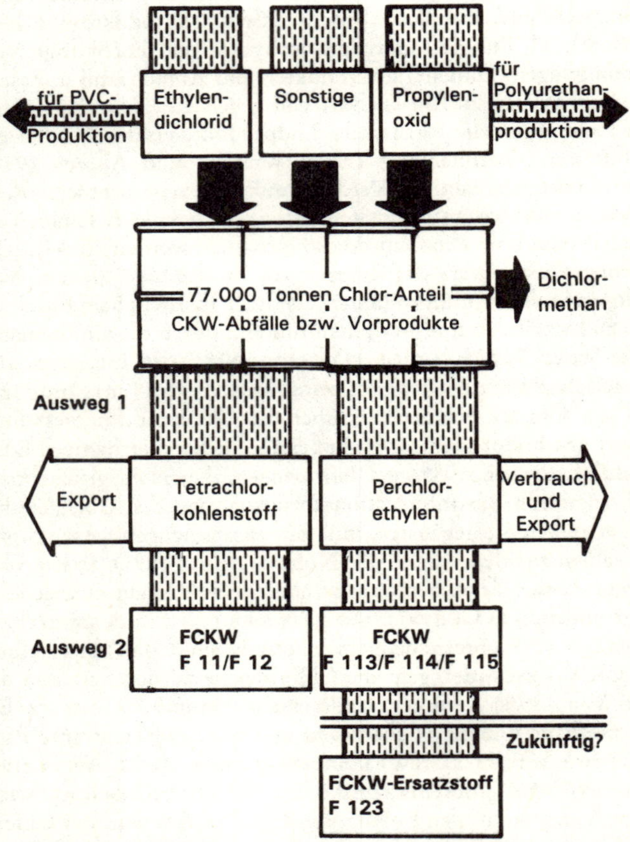

Die Verbundproduktion verhindert den schnellen FCKW-Ausstieg

Die umweltschädlichen und giftigen CKW-Lösemittel und die ozonzerstörenden Fluorchlorkohlenwasserstoffe können als typische Beispiele der *Kuppelproduktion* der Chlorchemie gelten. „Es wurde häufig die Vermutung geäußert, daß die FCKW-Synthese eine ökonomische Senke für überschüssige Verbindungen wie Chlor oder Fluorwasserstoff darstellt. Für diese Vermutung sprechen tatsächlich eine Reihe von Indizien" (Enquete-Kommission 1988, S. 177). Bei der Herstellung von PVC und anderen Produkten fallen Chlorkohlenwasserstoffe (CKW) als Nebenprodukte an. Sie werden nicht als Sondermüll entsorgt, sondern kostengünstig zur Produktion der Lösemittel Tetra(chlorkohlenstoff). Dichlormethan und Per(chlorethylen) eingesetzt. Wegen ihrer hohen (Öko-)Toxizität werden diese seit Jahren durch gesetzliche Maßnahmen am Markt zurückgedrängt. Im Endeffekt könnte dies dazu führen, daß ihre Produktion eingestellt werden müßte – dann könnten aber auch die Nebenprodukte der PVC-Produktion nicht mehr dafür verwendet werden.

Der erste Ausweg der Chemieindustrie besteht im Export – mehr als 60 Prozent des Per werden exportiert (Nolte und Joas 1991). Der zweite Ausweg besteht in der Nutzung von Tetra und Per als Ausgangsstoffe für die FCKW-Produktion. Die nicht exportierten Tetramengen fließen zu 99 Prozent in die FCKW-Produktion. Das FCKW-Verbot könnte deshalb teuer kommen: „Die Hersteller Hoechst AG und Kali-Chemie rechneten 1978 für den Verbotsfall (Anmerkung des Autors: von FCKW) einen Umsatzverlust von 180 Millionen DM pro Jahr vor, *noch ohne die Verluste im Produktionsverbund. Bei Berücksichtigung der Einflüsse auf die Verbundproduktion ergäben sich 230 Millionen DM pro Jahr* ..." (Hervorhebung durch durch den Autor; Zitat: Jakobi 1989, S. 85). Nun droht neues Ungemach: „Aufgrund gesetzlicher Vorgaben (FCKW-Verbot, CKW-Recycling) wird diese Weiterverwendung an Bedeutung verlieren, womit neue *Entsorgungswege* (Hervorhebung durch den Autor) in Zukunft realisiert werden müssen" (Nolte und Joas 1991, S. 25). Aber die Chemieindustrie hat den dritten Ausweg gefunden: In der geplanten Produktion umstrittener FCKW-Ersatzstoffe wie etwa F 123.

Tatort Betrieb

Hauptanwendungsbereiche von Lösemitteln

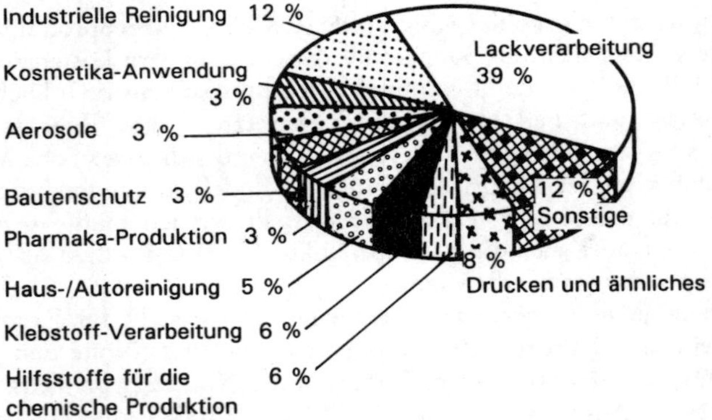

Arbeitsplatz-Grenzwerte (in mg/m^3) sind international unterschiedlich hoch

Stoff Bezugsjahr	BRD 1991	USA 1990/92	Schweden 1987/90
Toluol	380	380	190
Aceton	2.400	1.800	600
n-Butanol	300	150	45

Arbeitsplatz -Werte (in mg/m^3) meist viel höher als Umweltwerte

Stoff	Umweltwerte USA	Arbeitsplatz-Werte BRD *	Verhältnis
Xylole	0,3	104	350
Methylethylketon	0,3	140	470

* berechnet auf 24 Stunden

Quelle: IG Metall 1992

In den 70er Jahren und abgeschwächt noch heute wurde der Konflikt „Umweltschutz contra Arbeitsplätze" aufgebauscht. In der Regel werden Arbeitsplätze aber durch neue Technologien (z.B. Mikroelektronik) verdrängt. Umweltschutzmaßnahmen haben dagegen zu vielen neuen Arbeitsplätzen geführt, allerdings oft durch die aus Umweltsicht eher fragwürdigen nachgelagerten Umweltschutzmaßnahmen. Nur in Einzelfällen gibt es tatsächlich direkte Konflikte, etwa bei der Forderung nach sofortigem Produktionsstop problematischer Stoffe. Der Pseudo-Konflikt „Umweltschutz contra Arbeitsplätze" hat aber leider jahrelang überfällige Maßnahmen im Bereich des Arbeitsschutzes in den Hintergrund gedrängt. Die Belastung durch gefährliche Chemikalien („Gefahrstoffe") am Arbeitsplatz wird von den Gewerkschaften als zunehmend bedrohlich eingestuft, wenngleich andere Faktoren wie Lärm, hohe Temperaturen etc. nach wie vor eine wichtige Rolle spielen. Arbeitnehmer sind gleich einem doppelten Chemikalienrisiko ausgesetzt. Zum einem dem „normalen" Risiko über die allgemeine Umweltverschmutzung, zum anderen dem für sie speziellen Risiko am Arbeitsplatz, wozu neben Gefahrstoffen auch Unfall- und Störfallrisiken zählen. Die den Arbeitnehmern – etwa über Grenzwertfestlegungen – zugemuteten Risiken sind oft weit höher als die für die Allgemeinbevölkerung (vgl. Abb). Bei dem Versuch, den Arbeitsschutz zu verbessern, stoßen Gewerkschaften und Betriebsräte oft auf ähnliche Probleme wie Umweltschützer: der Datenzugang ist beschränkt, Grenzwerte werden willkürlich und ohne ausreichende Beteiligung der Arbeitnehmer festgelegt, ungefährlichere Ersatzstoffe werden von der Unternehmensleitung aus ökonomischen Gründen verweigert etc. Die IG Metall hat die bemerkenswerte Aktion „Tatort Betrieb" gestartet (IG Metall 1992), mit der jeweils Probleme mit typischen Gefahrstoffen des Metallbereichs (z.B. Lösemittel, Kühlschmierstoffe) in handlungsorientierten Broschüren aufgezeigt und in vielen Betrieben offensiv angegangen werden: Aufzeigen der Gefährdung, Nennung ungefährlicherer Ersatzstoffe und -technologien, betriebsinterne Durchsetzung von Grenzwerten, die niedriger sind als die gesetzlich gültigen, etc. Auch auf die allgemeinen Umweltprobleme durch die jeweiligen Gefahrstoffe wird im Rahmen von Tatort Betrieb hingewiesen.

Die Leitbilder der Chemiewende

Leitbild "Umwelt und Entwicklung"

Der Ressourcenverbrauch und der Chemikalieneinsatz werden vermindert. Der Pro-Kopf-Verbrauch in der Bundesrepublik wird langfristig umwelt- und sozialverträglich und wird dies auch als Pro-Kopf-Verbrauch der Welt.

Leitbild "Strukturwende"

In den wichtigen Bedürfnisfeldern bzw. Wirtschaftsbranchen werden die Rahmenbedingungen im Hinblick auf Umweltverträglichkeit und Sozialverträglichkeit umstrukturiert.

Leitbild "Produktlinienoptimierung"

Die wichtigsten Produktgruppen werden entlang ihrer Produktlinie im Hinblick auf Umweltverträglichkeit und Sozialverträglichkeit optimiert.

Die Chemieproblematik ist nicht auf die Chemieindustrie beschränkt (vgl. S. 32), entsprechend müssen Planungen und Maßnahmen auch auf die wichtigsten Branchen der Gesamtwirtschaft und auf deren wichtigste Produktlinien zielen. Das Öko-Institut schlug vor, daß die Chemie-Enquete-Kommission des Deutschen Bundestags entsprechende Gesamtkonzepte untersucht, die jeweils drei Leitbildern folgen (Grießhammer 1992). Eine Übersicht über weitere diskutierte Leitbilder findet sich bei Held (1991).

Das Leitbild *„Umwelt und Entwicklung"* („sustainable development") erfordert eine Produktion und einen Konsum, der eine langfristige, weltweit umwelt- und sozialverträgliche Entwicklung zuläßt. Die nationalen und internationalen Stoffflüsse müssen mit den Belastungsgrenzen der Umwelt kompatibel sein: *„Der Stoff- und Energiebedarf ... ist so zu gestalten, daß diese Systeme weltweit etabliert werden können, ohne die Lebensgrundlagen auf der Erde insgesamt zu gefährden"* (Henseling 1992, S. 282). An zwei Beispielen kann die derzeitige *Nicht*-Einhaltung des Leitbilds deutlich gemacht werden:

- Der Pro-Kopf-Verbrauch der FCKW war in der Bundesrepublik und den westlichen Industrieländern in den letzten Jahrzehnten fast 30 Mal höher als beim großen Rest der Welt und führt(e) zu einer massiven Schädigung der Ozonschicht (vgl. S. 20).
- Die energie- und verkehrsbedingten Pro-Kopf-Emissionen an Kohlendioxid sind in der Bundesrepublik und den westlichen Industrieländern fast zehn Mal höher als beim großen Rest der Welt und tragen so massiv zum Treibhauseffekt bei.

Das Leitbild *„Strukturwende"* fordert für die einzelnen Wirtschaftsbranchen die Umstrukturierung der Rahmenbedingungen, die bislang eine umweltverträgliche Produktion und Entwicklung behindern. Als positives Beispiel kann die vom Öko-Institut propagierte „Energiewende" gelten (Seifried 1991). Weitere Beispiele wären entsprechende Änderungen im Verkehrsbereich („Verkehrwende") oder in der Landwirtschaft („Landbauwende").

Das Leitbild *„Produktlinienoptimierung"* fordert Produktlinienanalysen und entsprechende Optimierungen (vgl. S. 52–63) für die wichtigsten Produktgruppen der jeweiligen Branche.

Ein Volk braucht zuviel Raum

Rapsanbau[1] zur Rapsölgewinnung als Dieselersatzstoff

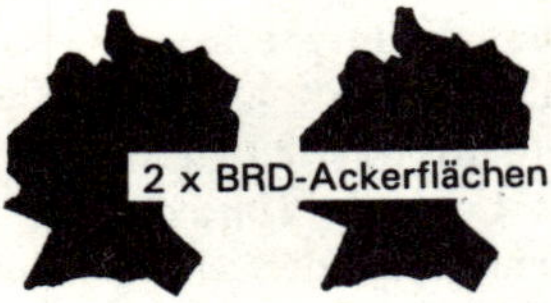

Weizenanbau[1] zur Bioethanolgewinnung als Benzinersatzstoff

Baumwolle[2] für Textilverbrauch

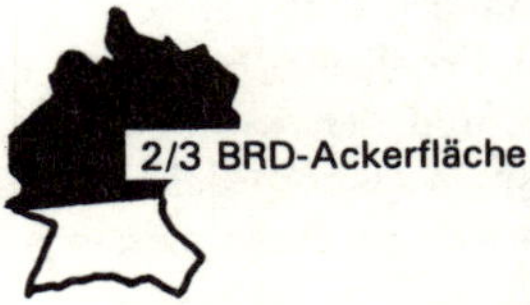

Pestizide[3] auf Naturstoffbasis (wie Pyrethrum)

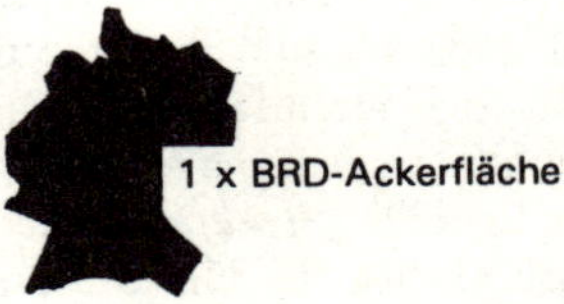

1 nach BMFT, "Nachwachsende Rohstoffe", Bonn 1990

2 niedriger Flächenertrag von 268 kg/ha (wie in Indien) gerechnet

3 Anbaufläche für natürliches Chrysanthemen-Insektizid Pyrethrum auf BRD-Pestizidwirkstoff-Verbrauch (ca. 20.000 t) hochgerechnet

Die bundesdeutsche Wirtschaft funktioniert nur durch gewaltige Rohstoffimporte: Erdöl und Erdgas, mineralische Rohstoffe und Nachwachsende Rohstoffe. Dies gilt erst recht für die Chemieindustrie (S. 68). Der Importanteil für die Organischen Rohstoffe der Chemieindustrie dürfte bei etwa 90% liegen. In der Öffentlichkeit bestehen z.T. irrige Annahmen über die Möglichkeit, durch heimische Nachwachsende Rohstoffe einen wesentlichen Beitrag zur Rohstoffbasis zu liefern. Das Gegenteil ist richtig: Die Rohstoffbasis für das derzeitige Produktionsniveau der Bundesrepublik läßt sich nicht im entferntesten durch Nachwachsende Rohstoffe decken, die auf der land- und forstwirtschaftlichen Nutzfläche der Bundesrepublik angebaut werden könnten. Darüber hinaus werden die meisten mineralischen Rohstoffe bzw. Nachwachsende Rohstoffe in der Dritten Welt unter ökologischen, ökonomischen und sozialen Bedingungen abgebaut bzw. angebaut, die in der Bundesrepublik undenkbar wären. Schon die Produktion von Benzin- und Dieselersatzstoffen (z.B. Bioalkohol aus Zuckerrüben und Rapsölmethylester aus Raps) und Textilfasern (100% Baumwolle) für den bundesdeutschen Verbrauch würde weit mehr Ackerfläche benötigen, als die Bundesrepublik zur Verfügung hat. Lebensmittel könnten dann nicht mehr angebaut werden, ebensowenig weitere Industrieprodukte aus Nachwachsenden Rohstoffen. Der bundesdeutsche Verbrauch an Textilien beträgt etwa 19,2 kg pro Kopf und Jahr. Bei einem bundesdeutschen Textilverbrauch mit 100% Baumwolle würde ca. zwei Drittel der Ackerfläche der Bundesrepublik benötigt (abgesehen davon, daß Baumwolle andere klimatische Bedingungen erfordert). Ginge man davon aus, daß der bundesdeutsche Pestizid-Wirkstoff-Verbrauch von etwa 20000 Tonnen jährlich durch Naturstoffe gedeckt würde, deren Anbau einen vergleichbaren Flächenbedarf erfordern würde wie das natürliche Chrysanthemen-Insektizid Pyrethrum (S. 76), so wäre hierfür ebenfalls etwa die Ackerfläche der Bundesrepublik erforderlich. Würde man die etwa 700000 Tonnen natürliche Öle und Fette, die die Chemieindustrie einsetzt (S. 72), auf Basis von hierzulande wachsendem Rapsöl gewinnen, so wäre hierfür ein Neuntel der Ackerfläche nötig (abgesehen davon, daß Raps im Gegensatz zu tropischen Ölen nur z.T. die von der Chemieindustrie nachgefragten Inhaltsstoffe liefert).

Die Produktlinienanalyse (PLA)

Die Produktlinienanalyse erfaßt die Stoff- und Energieflüsse entlang der Lebenslinie des Produktes und bilanziert die ökologischen, ökonomischen und sozialen Auswirkungen.

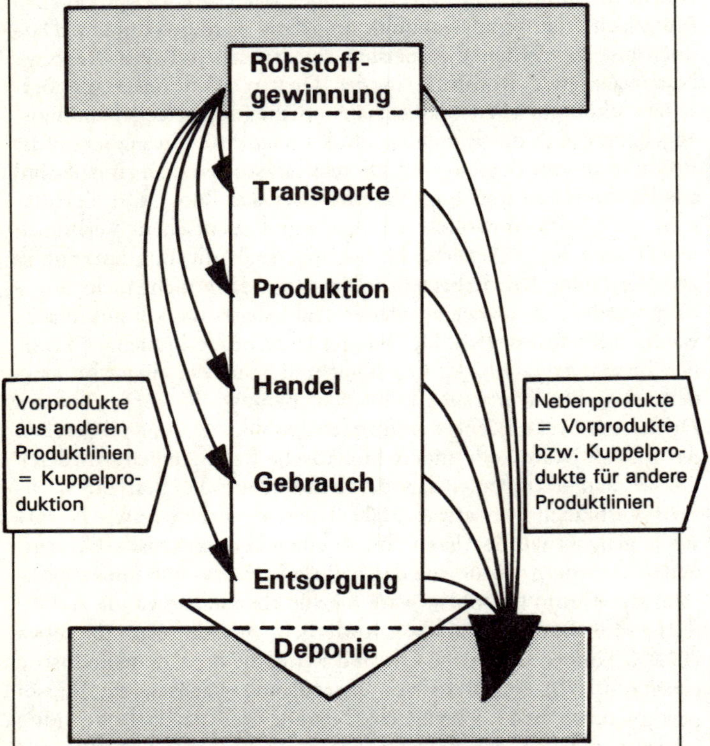

Produkte sind die Hauptemissionen der Chemischen Industrie (S. 78) und müssen umfassend beurteilt und reglementiert werden. Jahrelang wurden aber nur Teilaspekte der Produkte bewertet, beispielsweise bei Spraydosen (S. 90), Waschmitteln (S. 94–99) oder Kühlschränken (S. 102).

Das Öko-Institut hat für eine umfassende Produktbewertung das Instrument der Produktlinienanalyse (PLA) vorgeschlagen (Projektgruppe Ökologische Wirtschaft 1987) und in den folgenden Jahren methodisch weiterentwickelt (Grießhammer et al. 1990a). Mit der Produktlinienanalyse wird der gesamte Lebenslauf eines Produkts – von der Wiege bis zur Bahre – analysiert und bewertet.

Nahezu zeitgleich entstanden in mehreren Ländern ähnliche Instrumente wie etwa die Ökobilanz, die Ökoprofile, die life-cycle-analysis u.a.m. Der wesentliche Unterschied dieser Instrumente zur Produktlinienanalyse liegt darin, daß sie nur ökologische Aspekte erfassen, nicht aber die ebenfalls entscheidungsrelevanten ökonomischen und sozialen Aspekte (S. 54).

Der Begriff der Ökobilanz ist unglücklich gewählt, weil er gleichzeitig für Produkte („Produkt-Ökobilanzen"), Unternehmensbilanzen und regionale Bilanzen angewendet wird. Wenn nachfolgend von Ökobilanzen die Rede ist, sind immer Produkt-Ökobilanzen gemeint.

Mittlerweile gibt es über hundert Produktlinienanalysen oder Ökobilanzen, zum Beispiel über Tragetaschen (S. 108), Windeln, Kühlschränke oder Getränkeverpackungen. Sie haben insgesamt zu einer wesentlich differenzierteren Sicht von Produkten und zu vielen Überraschungen und neuen Erkenntnissen geführt.

Allerdings mußte die Öffentlichkeit auch registrieren, daß verschiedene Studien bei gleichem Untersuchungsgegenstand (z.B. Windeln) zu unterschiedlichen Ergebnissen kamen. Dies hängt im wesentlichen damit zusammen, daß unterschiedliche Rahmenbedingungen angesetzt und manchmal etwas „geschummelt" wurde – eine Checkliste hilft bei der Kontrolle solcher Produktbilanzen (S. 58).

Die Vorzüge der Produktlinienanalyse

Die Produktlinienanalyse ist ein Informations-, Planungs- und Kontrollinstrument.
Die Produktlinienanalyse eignet sich:

- **zum Vergleich von Produkten**
- **zur Optimierung von Produktlinien**
- **zur Auswahl produktpolitischer Maßnahmen.**

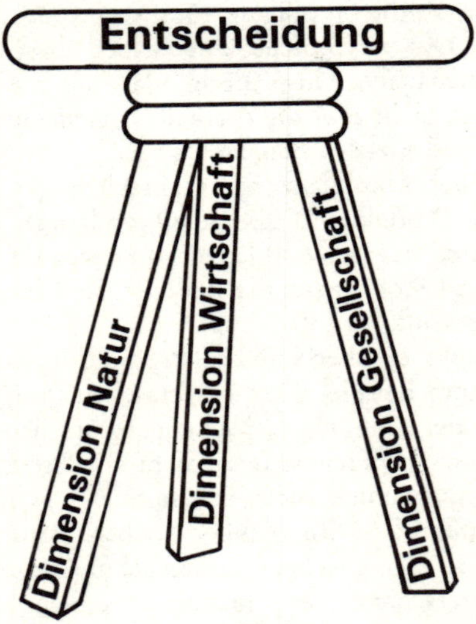

zum Beispiel	zum Beispiel	zum Beispiel
Rohstoffverbrauch	externe Kosten	Arbeitsschutz
Wasserbelastung	Arbeitsplätze	Zeitaufwand
		Rollenverhalten

Nur beim dreibeinigen Entscheidungstisch wackelt die Entscheidung nicht.

Produktlinienanalysen und Ökobilanzen eignen sich zu Produktvergleichen und zur ökologischen Spurensuche, also zur Aufdeckung von Schwachstellen entlang der Produktlinie (z.B. hoher Energieverbrauch beim Spülen von Mehrweggeschirr in der Kantine) und damit zur betriebsinternen Optimierung von Produktlinien (z.B. Wärmerückgewinnung aus dem noch warmen abfließenden Spülwasser) und zur Produktentwicklung. Der „Lerneffekt" über die ökologischen Auswirkungen eines betrieblichen Produkts und dessen Einbettung in Handel, Verbrauch und Entsorgung kann so groß sein, daß schon die Erstellung der Bilanz zu wichtigen Veränderungen führt.

Hinter den Kulissen tobt eine heftige Auseinandersetzung zwischen Vertretern der Produktlinienanalyse und Vertretern einer eher technokratisch ausgerichteten Ökobilanz.

Der Vertreter der Produktlinienanalyse – wie etwa das Öko-Institut – fordern die Überprüfung des Bedarfs an Produkten und des Nutzens von Produkten, den Einbezug von ökologischen *und* ökonomischen *und* sozialen Aspekten, die Einbindung in die Produkt- und Umweltpolitik durch die Nennung übergeordneter Ziele, durch eine Schwerpunktsetzung auf vorrangig zu untersuchende Produktgruppen und eine inhaltliche, zeitlich und finanziell stimmige Gesamt-Konzeption.

Besonderer Wert wird auf eine ausreichende Umwelt- und Produktstatistik und einen weitgehenden Datenzugang, auf eine Öffentlichkeitsbeteiligung und eine komplette Veröffentlichung durchgeführter Produktlinienanalysen oder Ökobilanzen gelegt (Grießhammer und Pfeifer 1992).

Die Chemische Industrie (VCI) wehrt sich gegen eine Überprüfung des Bedarfs bzw. des Nutzens von Produkten und gegen den gleichzeitigen Einbezug ökonomischer und sozialer Aspekte. Der Idealfall beim Datenzugang scheint für sie so auszusehen: Vereidigte und zur Geheimhaltung verpflichtete Sachverständige erheben die für eine Ökobilanz relevanten Stoff- und Energieflußdaten nach einem weitestgehend formalisierten Schema. Die aggregierten Werte der einzelnen Teilbilanzen werden veröffentlicht (black box-Modell) und in Datenbanken eingebaut. Die so erarbeiteten Daten sollen dann allgemein verfügbar sein (ICU 2/1992, S. 9–10).

Die Produktlinienanalyse auf Entscheidungsfahrt

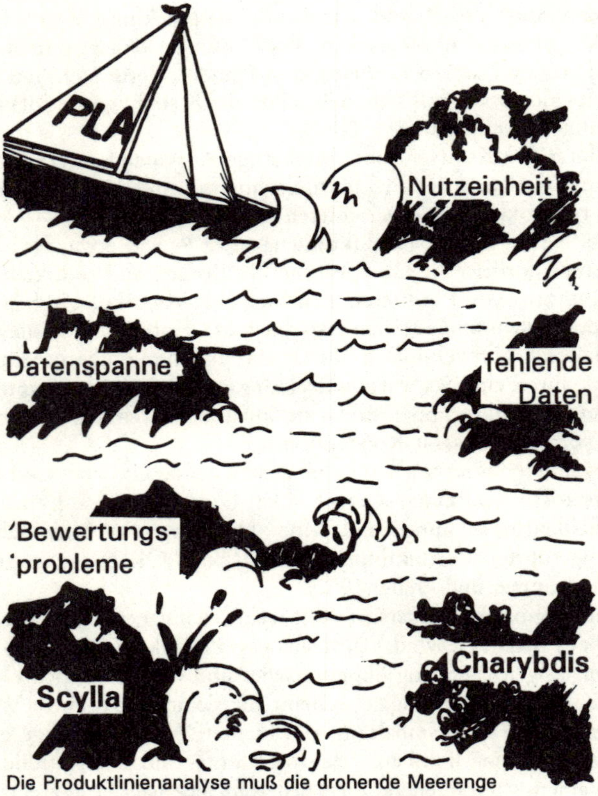

Die Produktlinienanalyse muß die drohende Meerenge zwischen Scylla (Weltmodell) und Charybdis (mangelnder Tiefgang) durchfahren und auf dem Weg dahin viele methodische Klippen umschiffen.

Für unterschiedliche Ergebnisse von Produktlinienanalysen oder Ökobilanzen zu ein und demselben Produkt kann es folgende Gründe geben:

1. Die Planungsziele sind verschieden

Fiktives Beispiel: Eine Studie der Gewerkschaft untersucht vorrangig die Arbeitsplatzgefährdung durch Gefahrstoffe entlang der Produktlinie; die (zweite) Studie der Betriebsleitung untersucht vorrangig die Emissionen umweltrelevanter Stoffe. Die beiden Studien untersuchen denselben Betrieb, aber unter verschiedenen Fragestellungen – damit ist auch die Analyse und die Bewertung unterschiedlich.

2. Das Planungsziel ist zwar identisch, aber es werden unterschiedliche Vor-Entscheidungen im Verfahren getroffen und einzelne methodische Schritte werden unterschiedlich durchgeführt.

Fiktives Beispiel: Beide Studien untersuchen die Arbeitsplatzgefährdung; bei der Studie der Betriebsleitung werden aber zu teure Alternativen von vorneherein ausgeschlossen und nicht weiter untersucht. Da die Bilanzierung nicht zum Weltmodell ausarten darf, müssen Eingrenzungen erfolgen, die aber je nach Interesse unterschiedlich ausfallen können. Zudem gibt es eine Reihe methodischer Klippen (S. 58), an denen man scheitern kann – oder will, um das Ergebnis zu verfälschen.

3. Die Analyse ist zwar identisch, aber sie wird unterschiedlich bewertet.

Verglichen werden beispielsweise Reinigungsmittel für Chemische Reinigungen. Perchlorethylen steht im Verdacht, Krebs zu erzeugen und ist leberschädigend. Das FCKW-Reinigungsmittel ist gesundheitlich unbedenklich, schädigt aber die Ozonschicht. Die Arbeitnehmer in der Chemischen Reinigung werden die Mittel anders bewerten, als weit entfernt wohnende Verbraucher. Es gibt keine objektive Bewertung!

Das Öko-Institut fordert deshalb, daß die Durchführung von Produktlinienanalysen bzw. Ökobilanzen von einem Projektbeirat begleitet wird, der aus VertreterInnen verschiedener gesellschaftlicher Gruppen zusammengesetzt ist. Damit werden die möglichen Unterschiede beim Planungsziel, bei Vorentscheidungen und bei der Bewertung offengelegt.

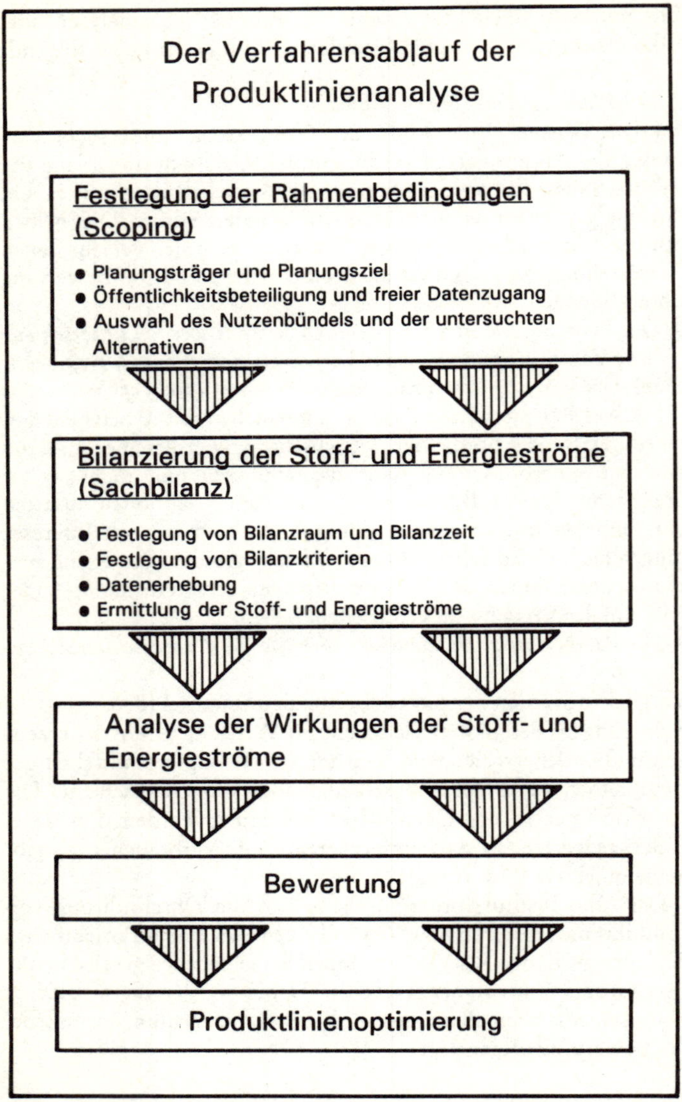
Der Verfahrensablauf der Produktlinienanalyse
Festlegung der Rahmenbedingungen (Scoping)
• Planungsträger und Planungsziel
• Öffentlichkeitsbeteiligung und freier Datenzugang
• Auswahl des Nutzenbündels und der untersuchten Alternativen
Bilanzierung der Stoff- und Energieströme (Sachbilanz)
• Festlegung von Bilanzraum und Bilanzzeit
• Festlegung von Bilanzkriterien
• Datenerhebung
• Ermittlung der Stoff- und Energieströme
Analyse der Wirkungen der Stoff- und Energieströme
Bewertung
Produktlinienoptimierung

Die Methodik der Produktlinienanalyse und der Ökobilanzen ist noch in Entwicklung, bislang gibt es keine allseits akzeptierte Methodenkonvention. Dies führt immer wieder zu differierenden Ergebnissen bei verschiedenen Stellen zu ein- und derselben Produktgruppe (S. 52) und läßt freien Raum für absichtliche Manipulationen.

Das Öko-Institut, das das Konzept der Produktlinienanalyse entwickelt hat, schlägt nebenstehenden Verfahrensablauf für Produktlinienanalysen und Ökobilanzen vor, so daß zumindest die ökologische Bilanzierung vergleichbar ist. Bei Produktlinienanalysen können ökonomische und soziale Kriterien sinngemäß miterfaßt werden.

Auf dem „1. Freiburger Kongreß für Produktlinienanalyse und Ökobilanzen" verabschiedeten die KongreßteilnehmerInnen eine Sieben-Punkte-Erklärung (Grießhammer und Pfeifer 1992), in der u.a. vorgeschlagen wurde, eine Methodenkonvention in drei Stufen zu erarbeiten:

- In der ersten Phase (bis Ende 1993) sollten Mindestanforderungen an die methodische Qualität von Produktlinienanalysen und Ökobilanzen gestellt werden (s.u.)
- In der zweiten Phase (für die ein Zeitraum von etwa ein bis zwei Jahren angesetzt wird) sollten die Mindestanforderungen um detailliertere Regeln ergänzt werden.
- In der dritten Phase sollten die Erfahrungen mit der Methodik kontinuierlich überprüft und die Methodik – soweit nötig – weiter entwickelt werden.

Mit dem vom Öko-Institut vorgeschlagenen Verfahrensablauf und den in der Sieben-Punkte-Erklärung genannten Mindestanforderungen liegt eine Checkliste (vgl. nächste Seite) vor, anhand derer man vorgelegte Produktlinienanalysen oder Ökobilanzen kritisch überprüfen kann:

Checkliste für Mindestanforderungen an Produktlinienanalysen und Ökobilanzen

Teil I: Folgende Mindestanforderungen sollten bereits heute verbindlich eingehalten werden:

- Nennung des Planungsziels und des Planungsträgers.
- Veröffentlichung der Studien und aller dazu gehöriger Arbeitsberichte.
- Einzelne Daten müssen nachvollziehbar sein, einzelne Verfahrensschritte begründet werden.
- Bilanzdaten müssen auf eine definierte Nutzeinheit bezogen sein.
- Beim Vergleich verschiedener Produkte bzw. Varianten muß das Symmetrieprinzip gelten (vergleichbarer Gebrauchsnutzen, gleicher Stand der Technik, gleiche Bilanzräume etc.).
- Weitestmögliche Trennung der drei Schritte: Analyse der Stoff- und Energieströme; Analyse der Auswirkungen; Bewertung.

Teil II: Offenlegungspflicht und Begründung einzelner Schritte

Bei einigen Verfahrensschritten gibt es aus methodischer Sicht durchaus verschiedene Möglichkeiten des Vorgehens. Beispielsweise können Kuppelprodukte bzw. Nebenprodukte, die zwangsweise entstehen, mengenmäßig *oder* wertmäßig abgegrenzt werden (vgl. etwa S. 66). Andere Verfahrensschritte sind methodisch noch wenig entwickelt. Unabhängig von diesen Schwierigkeiten sollte das *jeweils gewählte Vorgehen offengelegt und begründet werden.*

Teil III: Übersicht über einzelne Verfahrensschritte und methodische Klippen

In der nachfolgenden Übersicht sind die Verfahrensschritte und methodische Klippen genannt, zu denen entsprechend Stellung genommen werden sollte. Bei der Analyse der Stoff- und Energieströme sollten folgende Punkte behandelt und erläutert werden:

- Welche *Indikatoren* zeigen eine Erreichung des Planungsziels an?
- Welche verschiedenen *Bedürfnisse* („Bedürfnisbündel") sind mit der Produktgruppe verbunden?

- Wie wird der untersuchte *Gebrauchsnutzen* definiert und bestimmt?
- Auf welche *Nutzeinheit* werden die Stoff- und Energieströme bezogen?
- Wie wird mit *Mehrfachnutzungen* umgegangen (Beispiel: Sonnenkollektoren, die gleichzeitig der Wärmegewinnung dienen *und* als Dachabdeckung genutzt werden)?
- Wie wird mit dem *Nutzerverhalten* (Beispiele: tatsächliche Dosierung von Waschmitteln; Einhalten von Tempolimits im Verkehrsbereich) umgegangen?
- *Systemanalyse:* In welchen übergeordneten Zusammenhängen steht die Produktgruppe (Beispiel: Waschmittel stehen in Zusammenhang mit Textilien, Mode und Trageverhalten, Waschmaschinen und Härtegrad des Wassers)?
- Welche *Alternativen* bzw. *Varianten* werden untersucht, welche werden verworfen? Wie sieht die *Nullalternative* aus? Gibt es *Verhaltensalternativen* (= Deckung von Bedürfnissen durch geändertes Verhalten statt durch Produkteinsatz)?
- *Bilanzraum*: Die Teilbilanzen *Rohstoffgewinnung, Produktion, Handel, Produktgebrauch, Entsorgung* und *Transport(e)* müssen beschrieben und klar abgegrenzt sein: Nennung der Teilbilanz- bzw. Systemgrenzen und eventueller „Systemlöcher", Nennung und Begründung von *Abschneidekriterien.*
- Welche *Hilfsstoffe, Betriebsstoffe, Verunreinigungen, Nebenprodukte* und *Kuppelprodukte* spielen eine Rolle und wie werden sie bei der Bilanzierung behandelt bzw. abgegrenzt?
- Wie werden die *Anlagen* zur Herstellung bilanziert?
- Welche *Bilanzzeit* wird angesetzt?
- Welche Bilanzkriterien sind besonders zeitabhängig und müssen über die Bilanzzeit akkumuliert werden (zum Beispiel Ressourcenverbrauch, Emissionen schwer abbaubarer Stoffe, Abfälle etc.)?
- Welche *Bilanzkriterien* wurden benutzt?
- Welche Probleme gibt es bei der *Datenerhebung*? Welche Daten sind *nicht vorhanden*, welche werden *nicht offengelegt*, wie *valide* sind die Daten, wie wird mit *Datenspannen* umgegangen? Wurden Daten *aggregiert*?

Was in ein Waschmittel einfließt

- am Beispiel des Tensids LAS -

1. Förderung und Aufbereitung von **Erdöl**
2. Erdöltransport in Tankern oder Pipelines
3. Verarbeitung in der Erdölraffinerie und Gewinnung von **Alkanen** und **Benzol**
4. Herstellung von **Alkylchloriden** (Chlorierung der Alkane)
5. Herstellung von **Alkylbenzol** (Umsatz von Alkylchloriden und Benzol)
6. Herstellung von **Alkylbenzolsulfonsäure** (Sulfonierung von Alkylbenzol)
7. Herstellung von LAS = **Natriumalkylbenzolsulfonat** (Neutralisation mit Natronlauge)

Vorgeschaltet ist die Gewinnung von **Chlor, Natronlauge, Schwefelsäure bzw. Schwefeltrioxid, Aluminiumchlorid bzw. Aluminium** und die Gewinnung von **Strom, Prozeßenergie und Transportenergie.**

Quelle: Grießhammer et al. 1990

Waschmittel enthalten in der Regel zehn bis zwanzig verschiedene Inhaltsstoffe. Am Beispiel des wichtigsten Waschmitteltensids LAS wird nebenstehend gezeigt, wieviel Verfahrensschritte in der Herstellung notwendig sind. Schon ohne die vorgelagerten Rohstoffe und Emissionen zu quantifizieren, wird deutlich, daß eine Verbrauchsminderung beim Waschmittel (zum Beispiel durch korrekte Dosierung) gleichzeitig bei allen vorgelagerten Schritten zu einer entsprechenden Minderung führt.

Das Öko-Institut hat in einer Vorstudie die Stoff- und Energieflüsse zur Herstellung von LAS überschlägig ermittelt (Grießhammer et al. 1990). Solche Studien sind bisher sehr aufwendig, weil viele Daten der Industrie nicht zugänglich sind (S. 128) und die Daten für die Grundchemikalien erst mühsam zusammengetragen werden müssen. Allerdings zeigt sich, daß viele Endprodukte aus den gleichen Grundbausteinen hergestellt werden (S. 100), so daß Produktlinienanalysen und Ökobilanzen erheblich einfacher und schneller durchgeführt werden können, wenn für diese Grundbausteine schon Datensätze vorliegen. Für die Gewinnung von Raffinerieprodukten (S. 64) und Chlor/Natronlauge (S. 66) liegen derartige Datensätze beispielsweise vor.

Zur Herstellung von LAS gibt es verschiedene Verfahrenswege, die aber ähnlich aufwendig sind. Auf der nebenstehenden Abbildung wird nur ein möglicher Herstellungsweg gezeigt. Die Emissionen und der Energieverbrauch zur Gewinnung von LAS sind weniger mit der eigentlichen LAS-Herstellung, sondern hauptsächlich mit der Gewinnung der Vorprodukte und Hilfsstoffe (Chlor, Natronlauge, Aluminium, Erdöl) und der Stromerzeugung verknüpft.

Die Gewinnung von Benzol in der Raffinerie ist eng mit der Autobenzinproduktion („Reforming-Verfahren“ zur Erhöhung der Oktanzahl) und der Ethylengewinnung bzw. Polyethylen-Kunststoff-Produktion verknüpft („Steamcracken“). Bei diesen Prozessen fällt Benzol als unerwünschtes Nebenprodukt bzw. Kuppelprodukt an, das mit erheblichem Aufwand von den Kohlenwasserstoffgemischen isoliert werden muß – ein weiteres Beispiel für eine Verbundproduktion.

Tonnen, Tanker und Tragödien

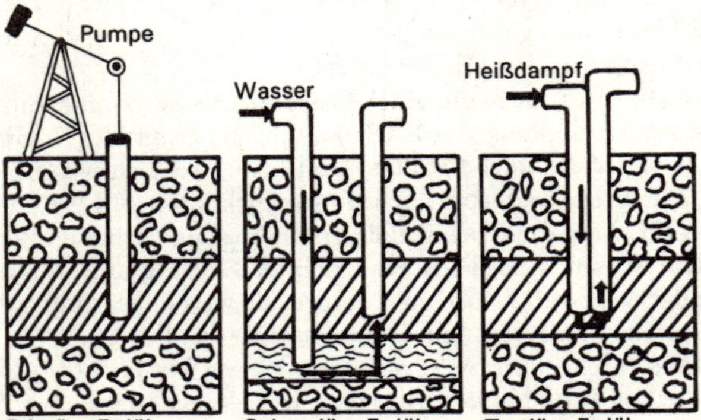

Primäre Erdölförderung (einfaches Hochpumpen)	Sekundäre Erdölförderung (mit Wasser-Injektion)	Tertiäre Erdölförderung (mit Injektion von Heißdampf -340° C u. 150 bar)

Energieverbrauch in % der geförderten Energiemenge

0,1 - 0,3 %	**ca. 1 %**	**bis 30 %**

Energieverbrauch und ausgewählte Luft-Emissionen für Raffinerieprodukte

(Förderung bis Raffinerie; bezogen auf Raffinerieprodukt mit Energieinhalt 1 kWh)

Primärenergie	**1,12 kWh**
Schwefeldioxid	**0,04 g**
Stickoxide	**0,05 g**
Kohlendioxid	**25,27 g**
Methan	**0,37 g**

Quelle: *Fritsche et al. 1989

Der wichtigste organische Rohstoff der Chemieindustrie ist das Erdöl, von dem jährlich etwa 13 Millionen Tonnen eingesetzt werden. Gegenüber Kohle hat das Erdöl eine Reihe von Vorteilen (S. 68). Die umfangreiche Verwendung von Erdöl ist dennoch mehrfach problematisch: wegen der Endlichkeit der Ressource, wegen Kämpfen und Kriegen um das schwarze Gold (Yergin 1991), der Umweltbelastung bei Förderung und Transport und dem Beitrag zum Treibhauseffekt. 1990 wurden weltweit etwa 3,1 Milliarden Tonnen Erdöl gefördert; die aus heutiger Sicht förderbaren Erdöl-Reserven werden auf etwa 90 Milliarden DM geschätzt, die größtenteils nicht erschließbaren Ressourcen liegen deutlich höher (Seifried 1991). Kosten, Energieaufwand und Umweltbelastung der Förderung und des Transports nehmen laufend zu (Zunahme der tertiären Ölförderung, Förderung in biologisch sensiblen Gebieten wie etwa Alaska etc.). Der Transport in Pipelines und Großtankern ist außerordentlich risikoreich. Beim Tankerunglück der Amoco Cadiz (Bretagne 1978) liefen beispielsweise 224000 Tonnen Öl aus. Erdöl ist hauptsächlich ein Vielstoffgemisch aus Kohlenwasserstoffen, nachgewiesen sind etwa 600 Komponenten. In den Mineralölraffinerien wird das Erdöl destillativ aufgetrennt und in „Konversionsanlagen" chemisch weiterverarbeitet (Cracken, Reformieren etc.). Die Erdölverarbeitung stellt eine relativ starre Kuppelproduktion dar, die nur durch die Verwendung unterschiedlicher Erdölsorten und den Einsatz von Konversionsanlagen variiert werden kann. In einem gesamtwirtschaftlichen Verbund werden etwa 50% der Raffinerieprodukte für Autotreibstoffe, 40% für Heizöl und 10% für Petrochemikalien genutzt. Die Verbundproduktion wird auch bei einzelnen Petrochemikalien deutlich (vgl. Benzol bei der LAS-Herstellung, S. 62). Die Chemische Industrie vertritt die Meinung, daß bei Rohstoffengpässen die Nutzung als Chemierohstoff bis zuletzt sinnvoll wäre und zuerst auf die anderen Einsatzgebiete verzichtet werde. Dieses Argument berücksichtigt allerdings nicht die Rückwirkungen der Verbundproduktion.

Chlor und Natronlauge - die siamesischen Zwillinge

Energieverbrauch und Umweltbelastungen bei der Herstellung von Chlor und Natronlauge (Chlor-Alkali-Elektrolyse/Amalgam-Verfahren)[1]

	pro t Chlor	pro t Natronlauge
Primärenergie	19.300 MJ	21.600 MJ
Luftemissionen		
Chlor[2]	0,14 g	0,16g
Quecksilber[2]	0,90 g	1,0 g
Kohlendioxid[3]	840 kg	940 kg
Methan[3]	890 g	1.000 g
Schwefeldioxid[3]	610 g	680 g
Stickoxide[3]	730 g	820 g
Abwasseremissionen		
Quecksilber	0,042 g	0,048 g
Abfälle	3.900 kg	4.400 kg
Quecksilber	8 g	9 g

1 die Aufteilung des Energieverbrauchs und der (nur auszugsweise dargestellten) Emissionen erfolgte nach dem Verhältnis der entstandenen Produkte Chlor und Natronlauge

2 aus Chlor-Alkali-Prozeß

3 aus der vorgelagerten Stromgewinnung

Quelle: Gensch 1992

Die Bilanzierung der Produktion von Chlor oder Natronlauge ist ein typisches Beispiel für eine Teilbilanz einer Produktlinienanalyse und die Betrachtung der Rahmenbedingungen. Die Produktion von Chlor und von Natronlauge (und Wasserstoff) ist beim üblichen Herstellungsverfahren – der Chlor-Alkali-Elektrolyse – untrennbar miteinander verbunden, weil die Stoffe dort prozeß- bzw. naturgesetzlich bedingt zu etwa gleichen Teilen entstehen (genau: 1 t Chlor und 1,13 t Natronlauge sowie 0,028 t Wasserstoff). Die etwa seit 1890 praktizierte Chloralkali-Elektrolyse lieferte die für vielerlei chemische Prozesse begehrte Natronlauge, die vorher aus Soda hergestellt wurde. Das Kuppelprodukt Chlor war dagegen ein unerwünschter Abfall, den man gar nicht „wegwerfen" konnte, denn Chlor ist ein Gas und sehr giftig. In der Folgezeit wurde verzweifelt nach Absatzgebieten des Chlors gesucht – dies war die Geburtsstunde der bis heute dominierenden Chlorchemie (S. 42). Im ersten Weltkrieg wurde Chlor noch als Giftgas eingesetzt, später wurden eher „zivile" Gifte wie die chlorierten Lösemittel (Henseling 1992), die chlororganischen Pestizide und die FCKW, sowie der Kunststoff PVC u.v.a.m. entwickelt. Aus diesem Grund kann Chlor heute nicht mehr als Abfallprodukt angesehen werden. In der Bundesrepublik wurden 1987 etwa 3,45 Millionen Tonnen Chlor hergestellt – zu 90 % über die Chlor-Alkali-Elektrolyse (Nolte und Joas 1987), bei der es drei jeweils sehr stromintensive Varianten gibt: Das Amalgam-Verfahren arbeitet mit einer Quecksilberzelle, liefert hochreine Natronlauge, verbraucht am meisten Energie und führt zu hohen Quecksilberemissionen und -rückständen. Das Diaphragma-Verfahren arbeitet mit Asbest-Diaphragmen und führt im ersten Schritt zu verunreinigten Produkten. Es verbraucht insgesamt weniger Energie und führt nicht zu Quecksilber-, aber zu Asbestemissionen. Am besten schneidet im Vergleich das Membran-Verfahren ab, das noch am wenigsten Energie verbraucht (aber immer noch etwa 2200–2500 kWh Strom pro Tonne Chlor) und sowohl Quecksilber wie Asbest vermeidet. In der Bundesrepublik dominiert immer noch (mit etwa 60 % der Chlorproduktion) das veraltete und besonders umweltschädliche Amalgam-Verfahren (Nolte und Joas 1992, S. 50).

Nachwachsende Rohstoffe und Sanfte Chemie

Organische Rohstoffbasis der Chemieindustrie

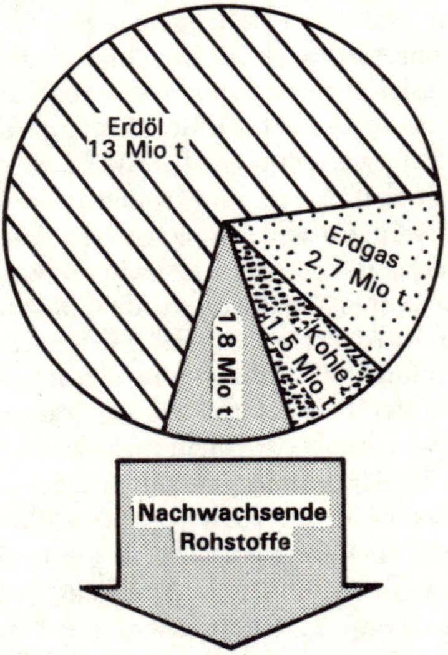

Nachwachsender Rohstoff (NR)	Verbrauchsmenge in der chemischen Industrie (BRD 1987)
Öle/Fette	**700.000 t**
Stärke	**115.000 t**
Zucker	**15.000 t**
Zellulose	**220.000 t**

Quelle: BMFT 1990 und Baumann et al. 1988

Die Chemieindustrie setzt Anorganische Rohstoffe (z. B. Steinsalz) und Organische Rohstoffe (z. B. Benzol) ein. Bei den meisten Anorganischen Rohstoffen ist die Rohstoffsituation im Hinblick auf die Endlichkeit der Rohstoffbasis vergleichsweise unproblematisch (Amecke 1987). Anders sieht die Situation bei den Organischen Rohstoffen aus. Läßt man einmal Nachwachsende Rohstoffe beiseite, dienen entweder Kohle oder Erdöl und Erdgas als Basis der Chemieindustrie. Trotz der Entdeckung bzw. Förderung von Erdöl in großem Umfang, die im 20. Jahrhundert mit der Motorisierung des Verkehrsbereichs begann, blieb Kohle der dominierende Organische Rohstoff der Chemieindustrie. Dies galt vor allem in Deutschland, wo zur Kriegsvorbereitung und Autarkie von Treibstoffen die Kohlehydrierung aufgebaut wurde (Osteroth 1989, S. 17f). Der Umstieg auf die Petrochemie erfolgte in den USA zwischen 1930 und 1960, in Japan zwischen 1960 und 1970, in der (alten) Bundesrepublik zwischen 1950 und 1970, wohingegen in der ehemaligen DDR im wesentlichen Kohle die Rohstoffbasis blieb. Erdöl ist billiger als Kohle, einfacher zu handhaben und führt mit weniger Verfahrensschritten und besseren Ausbeuten zu den gewünschten Grundchemikalien. Bei Kohle muß erst Synthesegas erzeugt und Wasserstoff eingeführt werden, dies führt zu mehr Produktionsstufen, schlechteren Ausbeuten und mehr und problematischeren Abfällen (Asche, Schlacke).

Ein weiterer gewichtiger Grund für die Bevorzugung des Erdöls war die Entstehung eines gesamtwirtschaftlichen Verbunds bei der Erdölnutzung, bei der Erdölfraktionen optimal genutzt werden: Treibstoffe für die Autos (etwa 50 Prozent des Erdöls), Heizöl für energetische Zwecke (etwa 40 Prozent) und Petrochemikalien für die Chemieindustrie (etwa 10 Prozent).

Seit jeher werden in der Chemieindustrie *Nachwachsende Rohstoffe* verwendet, im besonderen Öle und Fette, Stärke und Zukker. Der Einsatz von Nachwachsenden Rohstoffen in der Chemischen Industrie ist mit 1,8 Millionen Tonnen (etwa 10% der organischen Rohstoffe) gering. Wertmäßig soll die Bedeutung bei 22 Prozent liegen (Amecke 1987), was auf den Einsatz zur Produktion von Feinchemikalien und Spezialprodukte hinweist. Betrachtet man den Stoffumsatz der Gesamtindustrie, kommt man zu anderen Zahlen und Gewichtungen – dort stehen Holz(produkte) bzw. Zellstoff und andere Nachwachsende Rohstoffe wie zum Beispiel Baumwolle (S. 74) im Vordergrund. Die in den letzten Jahren geführte Diskussion um Nachwachsende Rohstoffe war wesentlich durch die Überschußprobleme der EG-Landwirtschaft induziert, zum geringeren Teil durch die zwei Erdölkrisen und im Hinblick auf eine eventuell bessere Abbaubarkeit der Nachwachsenden Rohstoffe. Die in der Öffentlichkeit geweckten Erwartungen an Nachwachsende Rohstoffe, „Naturstoffe" und „Sanfte Chemie" und gar nach einem autarken Beitrag zur Rohstoffbasis stehen in keinem Zusammenhang mit den tatsächlichen Möglichkeiten – solange man das derzeitige Produktions- und Konsumniveau nicht ändert (S. 50). Schon die typischen Nachwachsenden Rohstoffe der Chemieindustrie – die Öle und Fette (S. 72) müssen zu 90 Prozent importiert werden. Von einer nationalen oder EG-weiten Bedarfsdeckung kann allenfalls bei Zucker und Stärke die Rede sein. Selbst Holz und Holzprodukte werden in der BRD (alt) zu etwa 33 Prozent importiert, Zellstoff etwa zu 79 Prozent (Grießhammer 1991 a).

Die genannten Zahlen sprechen natürlich weder für noch gegen den Einsatz Nachwachsender Rohstoffe, sondern illustrieren nur die Bedeutung für die Rohstoffbasis bei gegebenem Rohstoffverbrauch. Unabhängig davon muß in Produktlinienanalysen (vgl. die Beispiele S. 74 u. S. 96) geprüft werden, ob der Einsatz Nachwachsender Rohstoffe aus ökologischer Sicht wünschenswert ist und in welchem Umfang er stattfinden kann.

Die in der entwicklungspolitischen und weltwirtschaftlichen Debatte stark umstrittenen Rohstoffpreise spielen selbst in der umweltpolitischen Diskussion über Ökoabgaben überraschenderweise kaum eine Rolle (S. 126). Das Öko-Institut forderte dagegen Konzepte für eine ökologische internationale Rohstoffordnung sowie das generelle Ziel, die verbrauchten und gewonnenen Rohstoffmengen drastisch zu reduzieren – bei Erhalt der Rohstofferlöse für die Dritte-Welt-Länder (Grießhammer 1992).

Eine besondere Rolle spielen die *„Naturstoffe"* (wie z.B. bestimmte Aromastoffe, Farbstoffe, Arzneimittel, Insektizide), die sozusagen die „Feinchemikalien" oder „Spezialprodukte" unter den Nachwachsenden Rohstoffen darstellen.

Die seit den 80er Jahren bis heute geführte Diskussion um *„Sanfte Chemie"* oder *„Naturstoffchemie"* bezog sich eher auf diesen Typus Nachwachsender Rohstoffe, ging aber in der Argumentation weit über die bloße Rohstoffbasis hinaus, wie das nachfolgende längere Zitat des Protagonisten Arnim von Gleich zeigt:

„*Die sanfte Chemie setzt nun in ihrer Praxis einerseits auf diese toxikologisch harmlosen und in großen Mengen umgesetzten Stoffe und Strukturen des Primär- und Sekundärstoffwechsels, die vornehmlich Stütz- und Konstruktionsfunktionen haben, wie zum Beispiel die Zellulose in den Pflanzenfasern, wie Holz, Horn, Bein, Leder, Naturkautschuk, Schleime oder das bisher kaum genutzte Chitin. Andererseits versucht sie, auch die ‚biologisch aktiven' Stoffe des Sekundärstoffwechsels möglichst vorsichtig und deren natürlicher ‚Funktion' gemäß einzusetzen. Sie versucht, beim Einsatz von Stoffen, die Schutzfunktionen (Gifte, ätherische Öle, Harze, Gerbstoffe, Wachse), Signal- und Kommunikationsfunktionen (Farben, Botenstoffe) oder Steuerungsfunktionen haben (Hormone, Neurotransmitter) ‚von der Natur zu lernen'.*

Die sanfte Chemie versucht, zum Beispiel beim Holzschutz, sich diejenigen Strategien zunutze zu machen, die die Bäume selbst für den Fall von Rindenverletzungen entwickelt haben, zum Beispiel mit dem den Bäumen abgeschauten Einsatz von Gerbsäuren und vor allem von Baumharzen. Insgesamt konzentriert sich die sanfte Chemie im Bereich stofflicher Schutzfunktionen, also in der Medizin, im Holz- und Pflanzenschutz eher auf Abwehrstoffe (repellens), auf sanfte Konservierungsverfahren (biologische Konservierung und/oder bakteriostatische Stoffe wie zum Beispiel ätherische Öle), auf Vorsorgemaßnahmen (Hygiene und geschicktes Kombinieren von Pflanzen) und auf die Stärkung der organismeneigenen Abwehrkräfte (homöopathische Medizin, biologisch-dynamischer Landbau) anstelle eines Frontalangriffs auf die sogenannten Erreger, Schädlinge oder Unkräuter." (von Gleich 1991).

Die Widerlegung dieses auf den ersten Blick attraktiven Leitbilds erfolgt am Beispiel von Pyrethrum (S. 76) und Baumwolle (S. 74).

Wer hat die Kokosnuß geklaut?

Unsere Rohstoff-Lieferanten
wachsen ganz natürlich nach.

z.B. auf den Philippinen:
mit Regenwaldzerstörung
hohem Dünger- und Pestizideinsatz
Ausbeutung der Plantagenarbeiter

Öle und Fette sind die wichtigsten Nachwachsenden Rohstoffe, die von der Chemieindustrie eingesetzt werden (D 3). Sie ähneln den petrochemischen Grundstoffen, haben eine vielseitige Zusammensetzung, können leicht weiterverarbeitet werden und liefern als Kuppelprodukt das begehrte Glycerin. Die Weltproduktion lag 1990 bei etwa 90 Millionen Tonnen, wovon etwa 11,4 Millionen Tonnen (14%) chemisch-technisch genutzt wurden (80% dienten der Ernährung, 6% als Viehfutter). Weltweit sind etwa 75% der Öle und Fette pflanzlichen und etwa 25% tierischen Ursprungs. In der Bundesrepublik werden jährlich etwa 700000 Tonnen Fette und Öle eingesetzt; die wichtigsten Verarbeiter sind Henkel/Düsseldorf und Unichema/Emmerich (indirekt: Unilever). Wichtige Einsatzgebiete sind Wasch- und Reinigungsmittel, Kosmetika, Textilhilfsmittel, Farben und Schmierstoffe. Die pflanzlichen Öle und Fette (etwa 400–450000 Tonnen) stammen hauptsächlich aus der Dritten Welt: Der Anbau ist dort klimatisch begünstigt und die Zusammensetzung der tropischen Pflanzenöle und -fette (z.B. Kokosöl) entspricht dem nachgefragten Spektrum der Chemieindustrie (gesättigte C-12-Fettsäuren) – im Gegensatz zu den mitteleuropäischen Pflanzen, die vor allem ungesättigte C-18-Fettsäuren liefern (z.B. Raps- und Leinöl). Veranlaßt durch Überschußprobleme der EG-Landwirtschaft wird derzeit versucht, die mitteleuropäischen Ölpflanzen mittels Züchtung und Gentechnologie im Hinblick auf höheren Ertrag und nachgefragte Zusammensetzung zu verändern. Die Rohstoffpreise sind niedrig und wiesen in den letzten 25 Jahren – im Vergleich zu Erdöl – nur niedrige und gleichmäßige jährliche Steigerungsraten auf (Baumann 1991, S. 958). Einer der wesentlichen Gründe für die Niedrigpreise sind die miserablen Produktionsbedingungen in der Dritten Welt mit Niedrigstlöhnen und unökologischen Monokulturen. Als besonderes Negativbeispiel gelten die Philippinen mit etwa 50% der Weltproduktion von Kokosnüssen. Anläßlich des Evangelischen Kirchentags wurde hierzu gefordert: *„Die Ökologie und Sozialverträglichkeit unserer Rohstofflieferanten in der Dritten Welt müssen berücksichtigt werden“ (Groeschke et al. 1991 S. 21).*

Baumwolle: die ganz natürliche Ausbeutung

Pro-Kopf-Verbrauch von Textilfasern in Kg

Industrieländer	**15,4**
Entwicklungsländer	**3,4**
BRD	**19,2**
USA	**18,9**
Brasilien	**5,3**
China	**4,5**
Kolumbien	**3,4**
Kenia	**1,0**
Äthiopien	**0,9**

Quelle: FAO, Enquete sur la consommation mondiale de fibres d'habillement, 1986

Sinkende Rohstoffpreise (Tauschwert)

Baumwollhandel Sudan-Schweiz

1975-1977 1985-1987

Für 1 Kilo Stoff
12,5 kg Baumwolle

Für 1 Kilo Stoff
43 kg Baumwolle

(nach Schweiz. Außenhandelsstatistik)

Chemikalien entlang der Produktlinie

Anbau: Düngemittel und Pestizide
Spinnen/Weben: Schlichtmittel (z.B. Stärke)
Bleichen: Natronlauge, Wasserstoffperoxid, Tenside u.a.
Färben: Farbstoffe, Natronlauge, Hydrosulfit

Quelle: Grießhammer und Burg 1989

Baumwolle gilt als ein besonders natürliches und tragefreundliches Textil und damit als Paradebeispiel eines „Naturstoffs", der zudem auf dem Markt konkurrenzfähig ist – immerhin liegt der Anteil von Baumwolle beim Textilverbrauch weltweit bei fast 50%. Auch die Verwendung als Jeansstoff hebt das gute Image. Beim genaueren Hinsehen erlebt man allerdings sein „blaues Wunder". Baumwolle erfordert sehr gute Böden und steht in Konkurrenz zum Nahrungsmittelanbau (z.B. im Sudan). Die meisten der weltweit eingesetzten Pestizide gehen in die großen Baumwollmonokulturen, darunter sind viele der in den westlichen Ländern (z.B. den USA) längst verbotenen Pestizide. Die oft notwendige künstliche Bewässerung hat in vielen Ländern zu riesigen Umweltproblemen geführt, z.B. am Aralsee oder am Nil. Bei der Textilveredelung (z.B. zu knitter- und bügelfreier Baumwolle) und bei den gängigen Textilfarben werden bei Baumwollfasern mehr und problematischere Textilhilfsmittel eingesetzt als bei Kunstfasern. Der billige „Ausverkaufspreis" von Baumwoll-Textilien wird durch niedrige Rohstoffpreise (vorgelagert: unökologische Intensivlandwirtschaft und/oder miserable Arbeitsbedingungen) und vielfach „passive Lohnveredelung" (korrekt: Lohndrückerei durch Auslagerung arbeitsintensiver Verarbeitungsschritte in Billiglohnländer und Freihandelszonen – die moderne Form der Sklaverei) erkauft (vgl. Grießhammer und Burg 1989). Passend dazu bietet die Werbung die Jeans wieder im „Kolonialstil" an. Bedingt durch die niedrigen Preise und die Werbung ist der Textilverbrauch in der Bundesrepublik enorm hoch – die im Gegensatz zu früheren Zeiten haltbareren Textilien werden längst, bevor sie verschlissen sind, weggegeben: *Mode ist die Antwort der Textilindustrie auf die verlängerte Haltbarkeit der Stoffe.* All dies sind keine Argumente gegen Baumwolle oder für Chemiefasern, sondern ein Argument für eine Chemiewende nach neuen Leitbildern (S. 48), die dazu führen würde, daß der Pro-Kopf-Textilverbrauch gesenkt würde und daß Baumwolle unter akzeptablen ökologischen und sozialen Bedingungen angebaut und verarbeitet werden würde. Mittels Produktlinienanalysen müßte ferner ein Vergleich verschiedener Textilmaterialien (z.B. Baumwolle versus Mischgewebe) durchgeführt werden.

Pyrethrum tötet ganz natürlich

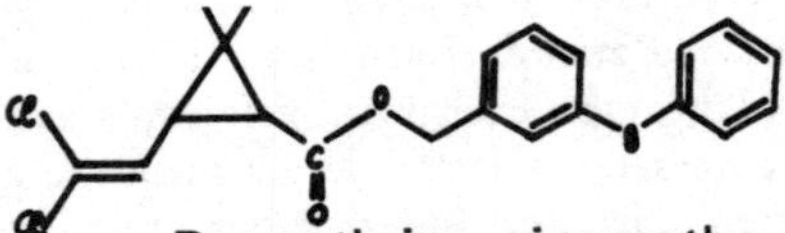

Permethrin - ein synthetisches Pyrethroid

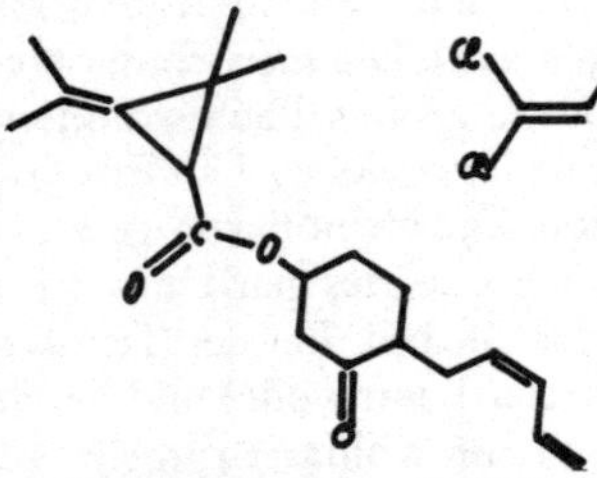

Pyrethrin I - mit 35 % wichtigster Bestandteil des natürlichen Pyrethrum

	Pyrethrum	Pyrethroide
Giftigkeit für Ratten: LD_{50}		
oral	600 - 900 mg/kg	130 - 600 mg/kg
intravenös	1 - 10 mg/kg☠	3 - 160 mg/kg☠
Giftigkeit für Fische: LC_{50} (96 h)		
	25 - 130 µg/l☠☠	1 - 10 µg/l☠☠
häufige Sensibilisierung	ja	ja
bioakkumulierend	nein	ja
- mit Stabilisator	ja	ja
Resistenzbildungen beobachtet	ja	ja (stärker)

☠ vergleichbar dem E 605!!! ☠☠ hochgiftig

Quelle: Jäger-Mischke und Wollny 1988

Am Beispiel von Pyrethrum kann die Fragwürdigkeit des Leitbilds „Sanfte Chemie" oder „Naturstoffchemie" (S. 68) aufgezeigt werden. Pyrethrum ist ein altbekanntes natürliches Insektizid, das aus Chrysanthemenblüten gewonnen wird (Hauptanbaugebiet Kenia). Der Flächenverbrauch ist enorm (S. 50), das Pyrethrum teuer. Ende der siebziger Jahre erfolgte die Markteinführung der strukturähnlichen synthetischen Pyrethroide. Sie sind deutlich billiger und so entwickelt worden, daß die technischen Nachteile (aber ökologischen Vorteile) des Naturstoffs (z.B. leichte Abbaubarkeit) beseitigt wurden. Im ökologischen Vergleich zwischen Pyrethrum und Pyrethroiden sieht das Naturprodukt besser aus – dennoch ist es ein giftiges Insektizid: Es wirkt nicht nur (wie beabsichtigt) auf Insekten giftig, sondern ist auch für Warmblütler giftig. Beim Menschen ist die Giftigkeit bei direktem Blutkontakt (z.B. bei Verletzungen an der Hand) sogar der des hochgiftigen E 605 (Parathion) vergleichbar. Hinzu kommt, daß dem eigentlich schnell abbaubaren Pyrethrum oft Stabilisatoren (zur Haltbarmachung) und Synergisten (zur Verzögerung der Verstoffwechslung bzw. der Entgiftung!) beigegeben werden (Jäger-Mischke und Wollny 1988). Die Eigenschaften des Pyrethrums sind typisch für natürliche Pflanzenwirkstoffe (Fugmann et al. 1991). Für den großflächigen Einsatz bzw. „Frontaleinsatz" in der Landwirtschaft sind sie zu teuer und wären mit einem ungeheuren Flächenbedarf (S. 118) verbunden. Zudem wäre ein Großeinsatz ökologisch ebenso bedenklich wie bei den synthetischen Insektiziden, vor allem, wenn auch noch die technischen Nachteile durch Stabilisatoren und Synergisten oder durch gentechnologische Veränderungen (Fugmann et al. 1992) aufgehoben werden. Im Vordergrund ökologischer Entwicklungen müssen daher nicht die „Naturstoffchemie" oder die „Sanfte Chemie" (S. 68) stehen, sondern andere Leitbilder wie etwa die „Landwirtschaftswende" (S. 48). Für die dann noch nötigen Produkte müssen Produktlinienanalysen durchgeführt werden – bei denen Naturstoffe aber nicht a priori einen Freibrief erhalten. Dies gilt erst recht dort, wo Naturstoffe nicht in „natürlicher" landwirtschaftlicher Umgebung, sondern in technischen Produkten eingesetzt werden: z.B. in Autos, Computern oder Kühlschränken.

Produkte - die größte Emission der Chemieindustrie

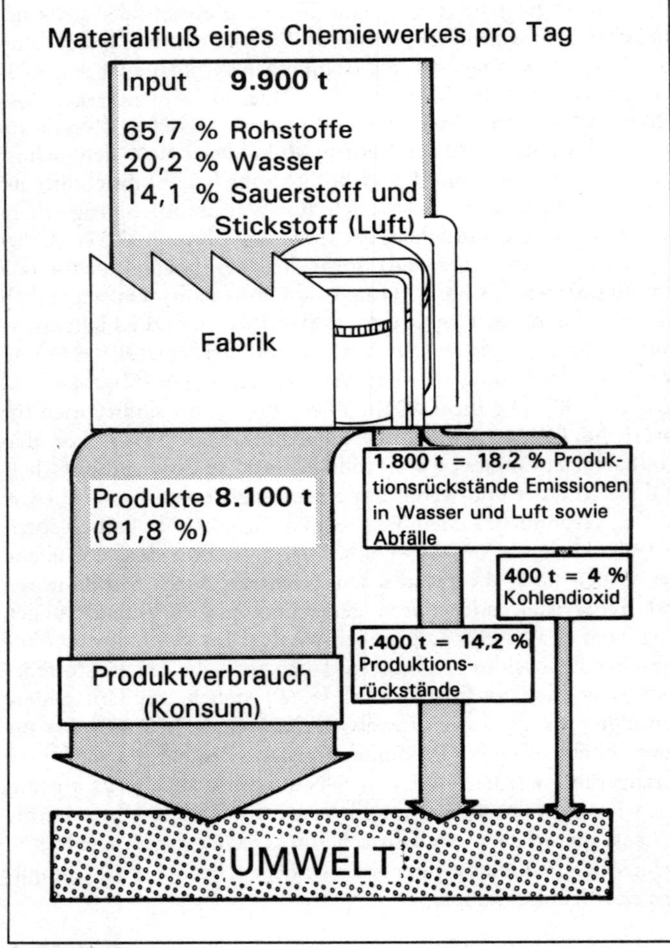

Quelle: VCI 1983

Die bescheidenen Umweltschutzmaßnahmen der siebziger und achtziger Jahre haben sich vorrangig auf Produktionsanlagen und Verbesserungen in der Abwasserbehandlung, Luftreinhaltung und Abfallentsorgung konzentriert, die Produkte wurden dagegen ebenso sträflich vernachlässigt wie die Chemikalien bzw. Altstoffe (vgl. S. 120). Durch die eher anlagenbezogenen und nachsorgeorientierten Maßnahmen wurden nur in wenigen Bereichen die jährlichen Emissionen deutlich reduziert (z. B. die Schwefeldioxid-Emissionen in die Luft oder die Schwermetall-Einleitungen in den Rhein). In anderen Bereichen nahmen dagegen die Emissionen durch steigende Produktmengen bzw. Produktzahlen zu (z. B. Stickoxide/Automobilverkehr) oder es erfolgten Problemverlagerungen in andere Medien (z. B. führten die Abwasserbehandlungsmaßnahmen zu steigenden Mengen von hochbelastetem Klärschlamm, der nicht mehr wie bisher in der Landwirtschaft ausgebracht werden kann). Besonders eklatant wurden die Mängel der Umweltpolitik bei den sogenannten „Senken" der Umwelt – da, wo alles schlußendlich hinkommt, aber mehr wegkommt: in der Nordsee (S. 22), in der Stratosphäre (S. 20) und bei den steigenden Abfallbergen (S. 106). Hinzu kamen eine Reihe von Produktskandalen durch direkte Gesundheitsauswirkungen (z. B. Asbest, Holzschutzmittel, Ledersprays). Spätestens seit Mitte der achtziger Jahre war die bittere Konsequenz zu ziehen, die Prof. Weise (Bayer) später in dem Schlagwort: „Produkte – die Hauptemissionen der Chemischen Industrie" (Weise 1991, S. 55) zusammenfaßte (wobei die Ablenkungsabsicht der Aussage nicht unterschätzt werden darf). Der abgebildete tägliche Materialfluß eines großen Chemiewerks (VCI 1983) zeigt, daß dort rund 80 Prozent der „Emissionen" Produkte sind, die nur vorübergehend als solche genutzt werden, letztlich aber in der Umwelt (vgl. S. 106 ff.) enden und dort zwangsläufig zu Problemen führen müssen. Die Umweltpolitik der neunziger Jahre muß auf eine klare ökologische Produktentwicklung unter Berücksichtigung der gesamten Produktlinien (S. 52) ausgerichtet werden, ohne damit die Produktion (Emissionen, Störfälle, Gefahrstoffe) zu vernachlässigen.

Autoklimaanlagen - gegen den Treibhauseffekt?

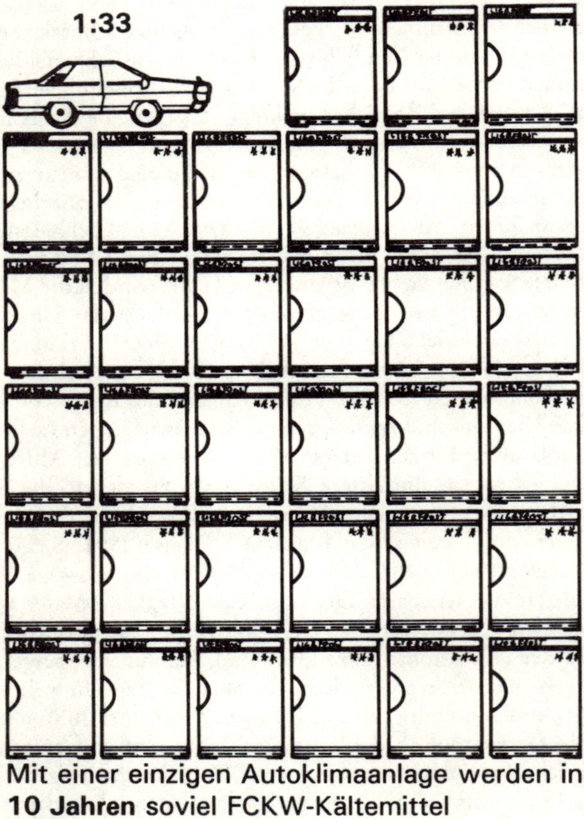

Mit einer einzigen Autoklimaanlage werden in **10 Jahren** soviel FCKW-Kältemittel freigesetzt, wie in **33 Haushaltskühlschränken** enthalten ist.

Quelle: VZ NRW 1991

Kaum zu glauben: Für die Produktion von Autoklimaanlagen wurden 1987 doppelt soviel ozonschädigende FCKW (F 12) eingesetzt wie für Haushaltskühlschränke – etwa 950 Tonnen. Pro Autoklimaanlage waren dies etwa 1400 Gramm Erstbefüllung, hinzu kommen zwei- bis dreimalige Nachfüllungen während der Betriebsdauer des Autos (Verluste bei Betrieb, Wartung und Reparatur), so daß über die gesamte Betriebsdauer zusammen etwa 5000 Gramm FCKW verbraucht werden – was der Kältemittelfüllmenge von 33 (dreiunddreißig) Kühlschränken entspricht.

Die meisten Autoklimaanlagen werden in Exportautos eingebaut, aber immerhin werden jährlich weit über Hunderttausend Autoklimaanlagen für den Inlandsgebrauch eingebaut. Vorbild scheinen die USA zu sein, wo etwa 80 Prozent der Autos mit Klimaanlagen ausgerüstet sind. Dadurch werden weltweit in etwa 250 Millionen Autoklimaanlagen etwa 70 Prozent der FCKW-Kältemittel eingesetzt! In der Bundesrepublik wurden die Klimaanlagen bisher vor allem bei großen, teuren Autos (Mercedes, BMW, Porsche) eingesetzt, zunehmend aber auch bei normalen Mittelklassewagen. Mittlerweile sollen schon 15 Prozent der PKW in den alten Bundesländern mit Klimaanlagen ausgerüstet sein (F.A.Z. vom 10. 9. 92). Autoklimaanlagen sind gut – Millionen bundesdeutscher Autoklimaanlagenbesitzer können nicht irren . . .!

Die Produktion von Autoklimaanlagen mit ozonschädigenden FCKW-Kältemitteln ist bis Ende 1994 zulässig, der Verkauf bis Mitte 1995. Ab sofort ist es verboten, die Kältemittel beim Betrieb oder bei der Entsorgung „entgegen dem Stand der Technik“ in die Luft entweichen zu lassen. Die Autohersteller wollen das klimaschädigende F 134a als Ersatzstoff für das ozonschädigende F 12 nehmen – Teufel statt Beelzebub (S. 82). Zumindest in der Bundesrepublik kann man auf eine Autoklimaanlage verzichten. Verhaltensalternativen: Fahrrad fahren. Oder: Kein Auto mit dunklem Lack oder Innenausstattung kaufen, soweit möglich im Schatten parken. Windschutzscheibenschutz (wie in südlichen Ländern üblich) und bei Bedarf das Fenster öffnen.

F 12 und F 134a - Teufel und Beelzebub

Beiträge von Autoklimaanlagen zum Treibhauseffekt

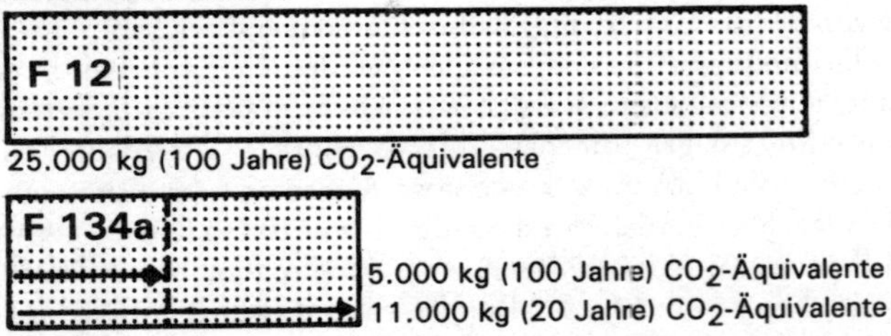

zum Vergleich: 11.000 kg CO_2-Äquivalente entsprechen der Verbrennung von 4.900 l Benzin

Relatives Treibhauspotential der Kältemittel (in kg CO_2-Äquivalente)

	Zeithorizont: 20 Jahre	Zeithorizont: 100 Jahre
CO_2	1	1
F 12	7.100	7.300
F 134a	3.200	1.200

Das relative Treibhauspotential der Kältemittel ist zeitabhängig (vor allem bei F 134a), weil sie - im Gegensatz zu CO_2 - im Laufe der Zeit abgebaut werden.

Annahmen

- Lebensdauer der Klimaanlage: 10 Jahre
- Gesamtbetriebszeit der Klimaanlage: 500 Stunden
- Kältemittelleckagen: 3.000 Gramm

Quelle: Kruse 1992

Beim Ersatz von Problemstoffen bzw. -produkten und der Suche nach Alternativen wird die hohe Vielfalt und Komplexizität des Produktbereichs (S. 38) besonders augenfällig. Der Gesetzgeber steht bei einem angestrebten Verbot oder bei Beschränkungen meist vor der Schwierigkeit, für eine Vielzahl von Anwendungsbereichen Ersatzstoffe oder -technologien benennen zu müssen – eine Aufgabe, die den Gesetzgeber bzw. die Behörden in der Regel überfordert. Umgekehrt werden von der Industrie angebotene Ersatzlösungen oft mit einer gewissen Erleichterung und ohne nähere Prüfung angenommen (Klöpffer 1991, S. 26/27). Die Ersatzlösungen sind zudem in der Regel rein technokratisch orientiert – die Chance einer Neuorientierung gemäß den Leitbildern einer Chemiewende (S. 48) wird nicht genutzt (Nulloption, Verhaltensalternativen etc.). Der gegenwärtig laufende Substitutionsprozeß für die ozonzerstörenden FCKW (S. 20) ist dafür ein Lehrbeispiel (vgl. ausführlich ICU 2/1992, S. 14–22). Im Kühl- und Kältemittelbereich werden vor allem die teilhalogenierten H-FCKW und die chlorfreien FKW vorgeschlagen und inzwischen eingesetzt. Beide Stoffgruppen tragen zum Treibhauseffekt bei, die H-FCKW sind auch noch ozonschädigend (wenn auch geringer als die FCKW). Eine „Erholung“ der Ozonschicht wird dadurch weiter hinausgezögert (S. 20). Im Fall der Autoklimaanlagen erfolgt keine Bedürfnisprüfung. Es wird auch nicht vorgeschrieben, daß die Autoklimaanlagen so konstruiert und betrieben werden, daß die treibhausrelevanten Ersatzkältemittel FKW nicht freigesetzt werden können (was bislang beim Kältemittel F 12 in hohem Umfang erfolgt vgl. S. 80). Durch den Energieverbrauch beim Betrieb und – noch mehr – durch die Freisetzung des Kältemittels ist der spezifische Beitrag einer FKW-Autoklimaanlage zum Treibhauseffekt beträchtlich. Er entspricht etwa der Verbrennung von 4900 Litern Benzin! So besehen, wird der Einsatz der Autoklimaanlagen verständlich: man braucht sie, weil es durch den Treibhauseffekt (den sie mit erzeugen) wärmer wird ...

Vom Aha-Effekt zum oHa-Konzept (I)

oHa - Die optimale Handlungsauswahl
(in Beispielen)

oHa 1: positiver Verzicht

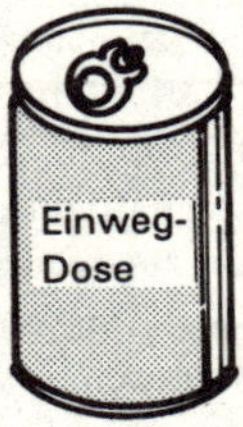

oHa 2: Verhaltensalternativen

statt

oHa 3: umweltfreundlichste Produktalternative

statt

Vom Aha-Effekt zum oHa-Konzept (II)

oHa - Die optimale Handlungsauswahl
(in Beispielen)

oHa 4: **ökologischer Produktgebrauch**

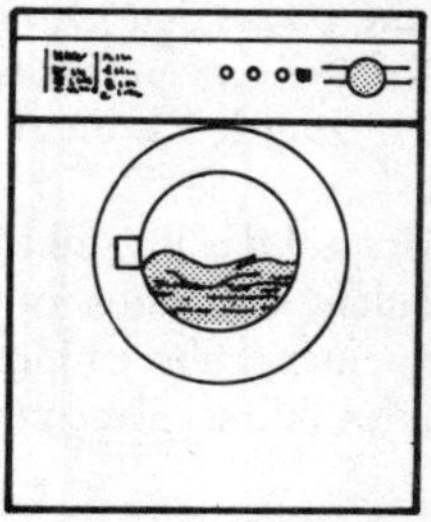

Trommel	voll	halbvoll
	4,5 kg	2,25 kg
Temperatur	60° C	90° C
Stromverbrauch (pro kg Wäsche)	0,2 kWh	0,8 kWh
CO_2-Emission (pro kg Wäsche)	125 g	500 g

oHa 5: **umweltschonendste Entsorgung**

oHa 6: **Umweltbündnisse schließen**

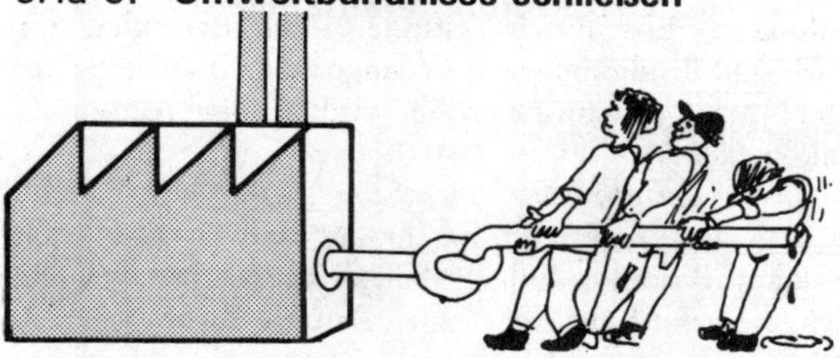

Empfehlungen für umweltfreundliches Verbraucherverhalten im Produktbereich leiden oft darunter, daß sie nur Ja-Nein-Entscheidungen zulassen und die individuelle Situation der Verbraucher nicht adäquat einbeziehen. Die einen Verbraucher haben mehr Geld, die anderen mehr Zeit. „Städtern" kann der Verzicht auf ein Auto leichtfallen, dafür bevorzugen sie vielleicht einen Wäschetrockner, weil sie weder Garten noch Balkon haben – auf dem Land kann es gerade umgekehrt sein. Die optimale Handlungsauswahl *(oHa)* bietet hinfür ein Bündel von umweltgerechten Maßnahmen, aus dem sich Verbraucher die passenden Optionen aussuchen können (VZ NRW 1991). Das oHa-Konzept ist deswegen verbraucherfreundlich und hinterhältig zugleich – denn man hat keine Ausrede mehr, nichts zu tun ...

Bei *oHa 1 – dem Positiven Verzicht* – wird auf das Produkt bzw. das Bedürfnis schlicht verzichtet, weil es nicht so wichtig ist oder man andere Bedürfnisse wie etwa das nach einer sauberen Umwelt höher einschätzt: vgl. Weichspüler (S. 92), Autoklimaanlagen (S. 80) und andere Produkte (S. 88).

Bei o*Ha 2 – der Verhaltensalternative* – wird das hinter dem Produkt stehende Bedürfnis zwar akzeptiert, aber nicht durch ein Produkt, sondern durch ein geändertes Verhalten gedeckt: Schachspiel mit einem Freund statt mit einem Computer.

Bei *oHa 3 – der umweltschonendsten Produktalternative* – wird *das* Produkt gekauft oder benutzt, das nach dem Konzept der Produktlinienanalyse am wenigsten umweltschädlich ist.

Dann achtet man bei *oHa 4 – auf gesundheits- und umweltschonenden Produktgebrauch:* auch das beste Waschmittel ist umweltbelastend und sollte nicht überdosiert werden (S. 94–99), auch der Lack mit dem Umweltzeichen (S. 136) kann bei unsachgemäßer Anwendung zur Lösemittelvergiftung führen. Besonders umweltfreundlich sind Produkte, wenn sie lange im Gebrauch bleiben und wenn die Nutzungsintensität erhöht wird: z. B. bei Autopools oder Leasingkonzepten.

Mit *oHa 5 – der umweltschonendsten Entsorgung* – wird dafür gesorgt, daß die Verantwortung für die Umwelt auch nach Gebrauch eines Produkts anhält: beispielsweise bei ausgedienten Batterien, die beim Kauf einer neuen Batterie zurückgegeben werden sollten oder in die kommunale Kleinmengensammlung von Sondermüll gehören.

Bei *oHa 6 – Umweltbündnisse schließen* – schließt man sich mit anderen zu gemeinsamen Initiativen zusammen, weil es mehr Spaß macht und mehr Erfolg bringt. Das können sowohl kleine Initiativen sein wie die gemeinsame Autofahrt mit dem Kollegen oder Nachbarn zur Arbeit (statt zwei Autos zu benützen), oder größere Initiativen wie gemeinsame Nutzungskonzepte (z. B. Autopools), gemeinsame Einsprüche bei einem Genehmigungsverfahren für eine Fabrikanlage um die Ecke (S. 134), Vermeidung von Gefahrstoffen im Betrieb (S. 46) oder eine Bürgerinitiative zur Abfallvermeidung – nach dem Motto: „Eine Kuh macht Muh, viele Kühe machen Mühe".

Umweltpolitischen Aktionen kommt auch deswegen eine große Wichtigkeit zu, weil der Effekt von individuell-richtigem Umweltverhalten auf vielen Gebieten beschränkt ist und für einen durchschlagenden Erfolg die umweltpolitischen Rahmenbedingungen geändert werden müssen. Was nützt es beispielsweise, wenn 660 000 Besitzer von Kühlschränken ihre Kühlschränke mit den FCKW-Kältemittel richtig entsorgen lassen, wenn gleichzeitig mit ein paar Lärmtröten dieselbe FCKW-Menge ausgepustet wurde (S. 30) oder wenn die Emissionen aus gewerblichen und industriellen Kühlanlagen um ein Vielfaches höher sind (S. 102)?

Am Beispiel von Kühlschränken soll das oHa-Konzept noch einmal an einem Produkt durchgehend gezeigt werden:
- oHa 1: Verzicht auf zweiten Kühlschrank oder Tiefkühltruhe
- oHa 2: den heißgekochten Pudding früher kochen und nicht im Kühlschrank abkühlen lassen etc.
- oHa 3: bei Neukauf das marktbeste Gerät nehmen
- oHa 4: Gerät stromsparend betreiben – möglichst kühler Standort, Kühltemperatur nicht zu tief etc.
- oHa 5: Altgeräte möglichst lange betreiben, dann in die kommunale Kühlschranksammlung geben
- oHa 6: Kommunale Klimaschutzinitiative zur Minimierung von FCKW-Emissionen aus Kühlanlagen und entsprechende Änderungen im kommunalen Beschaffungswesen.

KonsUmkehr im Trend

Der Anti-Einkaufszettel

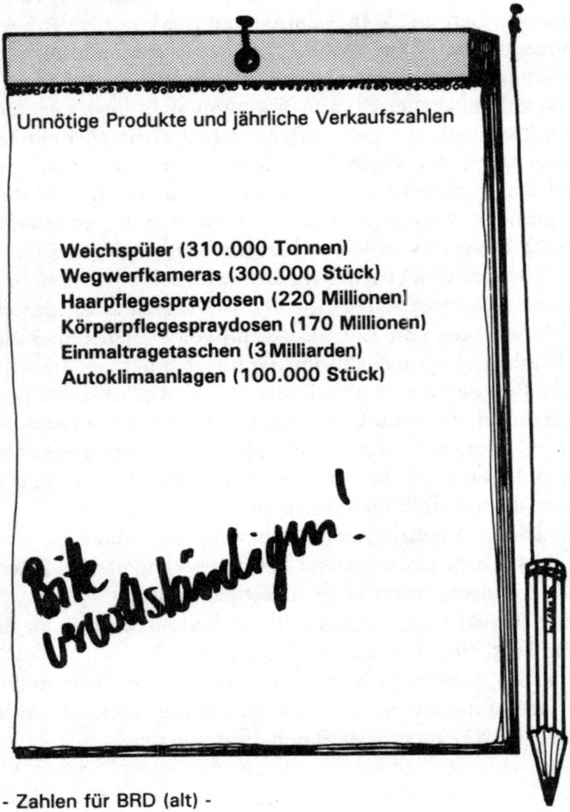

- Zahlen für BRD (alt) -

Zwischen dem (Gebrauchs-)Nutzen von Produkten und dem Ressourcen- und Umweltschutz besteht in der Regel ein grundsätzlicher Zielkonflikt. Da die Erfüllung von Bedürfnissen mit Produkten zwangsläufig mit Umweltbelastungen und Ressourcenverbrauch verbunden ist (S. 32), liegt es aus ökologischer Sicht nahe, als erste Möglichkeit zur Reduktion von Umweltbelastungen und gemäß der Priorität „Saubere Umwelt" den Verzicht auf bestimmte Produkt-Bedürfnisse (vgl. Abb. und die Seiten 80, 90, 92 u. 108) zu überprüfen. Nicht zuletzt weil in der heutigen Konsumgesellschaft viele Bedürfnisse erst durch Werbung geweckt werden und weil mit der Verbundproduktion sogar ein ökonomischer Druck innerhalb der Chemischen Industrie besteht, neue Bedürfnis- bzw. Produktfelder für den Absatz von Kuppelprodukten zu finden (S. 44). In der Regel steht hinter dem geäußerten Bedürfnis oder Produkt aber ein ganzes Bedürfnis- bzw. Nutzenbündel (z.B. beim Wäschewaschen neben dem eigentlichen hygienischen Bedürfnis auch noch die meist unausgesprochenen Bedürfnisse „Zeit zu sparen", „bequem zu waschen", „Geld zu sparen", und „die Umwelt zu schützen"). Zwischen diesen einzelnen Wünschen bestehen klare Zielkonflikte, so daß Risiko-Nutzen-Abwägungen erforderlich sind, für die sich vor allem die Methode der Produktlinienanalyse anbietet (S. 52). In der Regel ist die dem Verbraucher ermöglichte Wahrnehmung des gesamten Nutzenbündels massiv verzerrt, weil die Umweltauswirkungen nicht direkt erfahrbar oder bekannt sind und weil die externen (Umwelt-) Kosten nicht über den Preis vermittelt werden (S. 126). Dadurch hat sich bei Produkten eine verzerrte Gebrauchskultur und ein umweltschädlicher Konsum herausgebildet, wie er bei völliger Markt- und Produktübersicht (Deklaration der Inhaltsstoffe etc.) nie entstanden wäre. Da der Nutzen der Produkte in der Regel beim Anwender bzw. Individuum liegt, die Nachteile der Umweltbelastung aber von der Allgemeinheit getragen werden müssen, fordert der BUND die Gewährleistung eines „Sozialen Nettonutzens". Die Nutzendiskussion wird von der Industrie vorschnell als ideologischer Schlüsselbegriff für den Streit Planwirtschaft versus Marktwirtschaft mißbraucht. Merkwürdigerweise wehrt sich die gleiche Industrie gegen verursachergerechte und marktkonforme Ökoabgaben und verweigert den Verbrauchern durch Datenzurückhaltung die geforderte Marktübersicht.

Spraydosen: schneller Griff mit langen Folgen

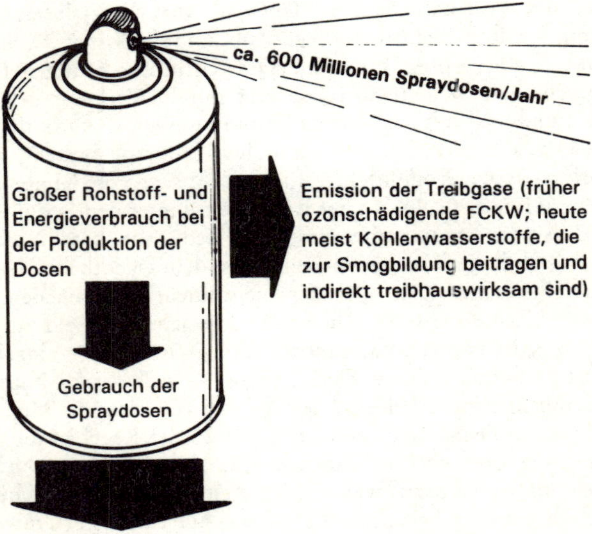

ca. 500.000 m^3 leere Spraydosen bleiben als Problemmüll übrig (Verbundmaterialien, Teil der Treibgase und der Wirkstoffe; explosionsgefährlich)

Einsatzgebiet	Anzahl Spraydosen (1988)	Anteile am Gesamtverbrauch
Haarpflegespray	196 Mio.	32 %
Körperspray	152 Mio.	25 %
alle anderen Einsatzgebiete	261 Mio.	43 %
Gesamt	609 Mio.	100%

Quelle: IGA 1989

Auf die Verwendung von ozonzerstörenden FCKW (S. 20) als Treibgase in Sprays wurde nach den Warnungen von Rowland und Molina (1974) international unterschiedlich reagiert. Während in den USA bereits 1978 FCKW-Treibgase in Spraydosen weitgehend verboten wurden, gab es in der Bundesrepublik nur eine freiwillige Produktionseinschränkung der Aerosolindustrie und das Umweltzeichen für FCKW-freie Sprays (S. 136). Zwischen 1976 und 1986 sank der jährliche bundesdeutsche FCKW-Treibgas-Verbrauch von anfangs etwa 50000 Tonnen auf die Hälfte, weitere fünf Jahre vergingen bis zum bundesdeutschen Verbot im Jahr 1991. Bittere Konsequenz: zwischen 1975 und 1990 wurden noch etwa 410000 Tonnen der FCKW in Spraydosen verbraucht – etwa das Sechsfache der gesamten FCKW-Produktion von 1986 für alle Einsatzgebiete (S. 136)! Aber auch eine FCKW-freie Spraydose ist keineswegs umweltfreundlich. Erstens werden die Dosen unter großem Rohstoff- und Energieaufwand produziert, zweitens tragen die gängigen Ersatz-Treibgase – die Kohlenwasserstoffe Propan, Butan und Dimethylether – zur Smogbildung und zum Treibhauseffekt bei, drittens führen die ausgedienten Spraydosen jährlich zu annähernd einer halben Million Kubikmeter Problemmüll. In der Regel können die Spraydosen nicht vollständig entleert werden, so daß mit den metall- und kunststoffhaltigen Dosen auch noch Teile der Wirkstoffe (Lacke, Biozide etc.) und der Treibgase in den Abfall geraten. In bewundernswerter Offenheit bekennt das Umweltbundesamt, warum die eigentlich notwendige Getrenntsammlung nicht erfolgt: „*Ein solches Vorgehen ist gegenwärtig nicht zu empfehlen, denn die gehäuft gesammelten Dosen stellen eine potentielle Gefahr dar, die besondere Schutzmaßnahmen auslösen müßten, und sie würden zudem überwachungsbedürftiger Sonderabfall... Vor der Verbrennung in Hausmüll-Verbrennungsanlagen werden sie unter übrigen Müll gemischt und verbrannt. Würde man das nicht tun, riskierte man zumindest Emissionsspitzenwerte oder sogar ein Zerreißen des Brennraums*" (Jacobi 1989, S. 46). Auf die meisten Sprays kann man ohne weiteres verzichten, z. B. auf Haarpflege- oder Körpersprays – zumal es unproblematischere Ersatzprodukte gibt: z. B. Pumpzerstäuber u. a. m.

Weichspüler: Chemiemafia im Kaschmir-Pulli

Drei Schritte zum Erfolg

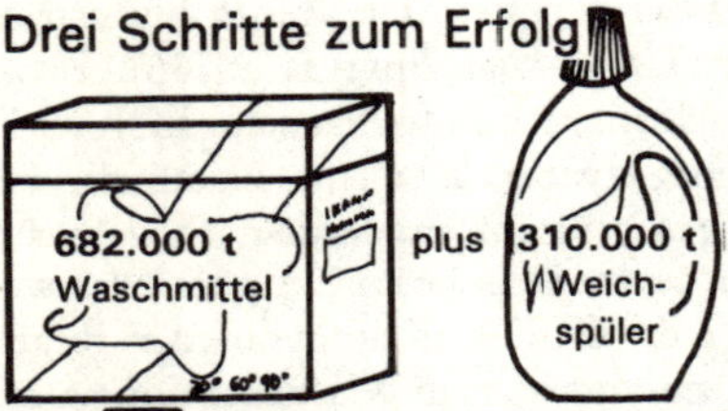

Verzicht auf Weichspüler = **310.000 t** (= 31,25 % der Gesamtmenge von Waschmitteln und Weichspülern). Weichspüler enthalten gewässerbelastende Tenside, Emulgatoren, Duft- und Farbstoffe sowie Konservierungsmittel. Herstellung und Entsorgung sind in hohem Maße umweltbelastend.

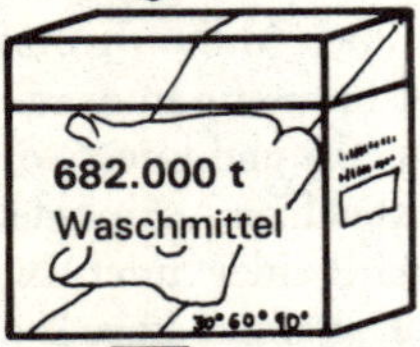

Umstellung auf Baukastensysteme (mindestens 15 % der Waschmittelmenge = **102.000 t**)

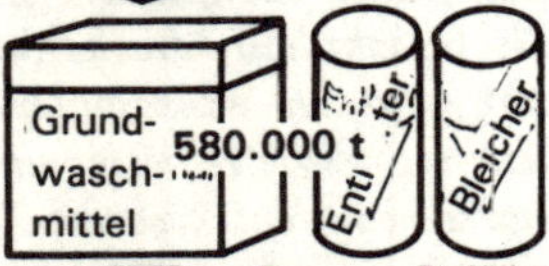

Bessere Befüllung der Waschmaschinentrommel (mindestens 15 % der Baukastensystem-Waschmittelmenge = **87.000 t**)

493.000 t (= 50 % der Ausgangsmenge):

Umwelt geschont und Geld gespart!

Jährlich werden in der der Bundesrepublik(alt) etwa eine Million Tonnen Haushaltswaschmittel und Weichspüler verbraucht. Die Mittel sind generell stark gewässer- und umweltbelastend (S. 95), gänzlich unproblematische Ersatzprodukte gibt es nicht. Mit wenig Aufwand kann dagegen eine Halbierung der Verbrauchsmenge erreicht werden. Der *Verzicht auf Weichspüler – Produkte mit geringem Nutzen und großer Umweltbelastung* (s.u.) – führt bereits zu einer Mengenreduktion von etwa 30%. Der Umstieg von gängigen Voll-Waschmitteln auf verbrauchsarme Baukastensysteme führt zu einer Reduktion von etwa 20–30% (Grießhammer et al. 1990) – nebenstehend wurde vorsichtigst mit nur 15% gerechnet. Untersuchungen zeigen, daß Waschmaschinen in der Regel bei weitem nicht wie vorgesehen voll (je nach Maschine mit 4,5 oder 5 kg Wäsche) beladen werden – bei Feinwäsche liegt die Beladung bei etwa 2,5 kg; bei Kochwäsche bei etwa 3,5 kg (Stamminger 1992). Geht man von einer durchschnittlichen Beladung von 3 kg aus, so würde eine bessere bzw. vollständige Befüllung auf 3,5 bzw. 4,5 kg bereits zu Waschmittelersparnissen von 14% bzw. 30% führen – nebenstehend wurde vorsichtigst nur mit 15% gerechnet.

Zum Nutzen von Weichspülern führt die Industrie folgende Argumente (IKW 1990) an: 1. Eine gewisse Starrheit der Wäsche wird verhindert – dies kann aber genausogut durch Aufhängen der Wäsche im Freien oder durch Wäschetrockner oder durch Bügeln erreicht werden. 2. Die elektrostatische Aufladung der Wäsche wird verringert – diese spielt aber bei Naturfasern und Mischtextilien kaum eine störende Rolle. 3. Beim Bügeln wird im Vergleich zu nicht weichspülerbehandelter Wäsche etwa 10% Energie gespart – *für die Herstellung und Entsorgung der Weichspüler und der Verpackungen wird wesentlich mehr Energie benötigt und es ist eine hohe Umweltbelastung damit verbunden.* Was die Werbung darüberhinaus gerne verschweigt: *Weichspüler führen zu einem geringeren Saugvermögen der Wäsche, was aus hygienischer Sicht unerwünscht ist!* Umwelt- und Verbraucherverbände (Öko-Institut et al. 1984) und das Umweltbundesamt (Umweltbundesamt 1990a) empfehlen den Verzicht auf Weichspüler. Als erster großer Handelskonzern hat Hertie Weichspüler aus den Regalen genommen.

Die Kongresse der Weißwäscher

Bewertung von Waschmitteln und Inhaltsstoffen im Zeitraum 1986 - 1990

- ☐ Aspekt berücksichtigt
- ▒ eingeschr. berücksichtigt
- ▨ nicht berücksichtigt

	Rohstoffe	Produktion	alle Inhaltsstoffe	Nutzeinheit	Abwasserbelastung	Klärschlamm	Verpackung	ökonomische Aspekte	soziale Aspekte
Öko-Waschmittel/Stiftung Verbraucher-Institut 1986	nicht berücksichtigt	nicht berücksichtigt	Aspekt berücksichtigt	nicht berücksichtigt	Aspekt berücksichtigt	Aspekt berücksichtigt	nicht berücksichtigt	eingeschr. berücksichtigt	eingeschr. berücksichtigt
Waschmittel/Stiftung Warentest 1986	nicht berücksichtigt	nicht berücksichtigt	Aspekt berücksichtigt	eingeschr. berücksichtigt	Aspekt berücksichtigt	nicht berücksichtigt	nicht berücksichtigt	eingeschr. berücksichtigt	eingeschr. berücksichtigt
Metzner 1987	nicht berücksichtigt	nicht berücksichtigt	nicht berücksichtigt	nicht berücksichtigt	Aspekt berücksichtigt	nicht berücksichtigt	nicht berücksichtigt	nicht berücksichtigt	nicht berücksichtigt
Lahl und Zeschmar-Lahl 1987	nicht berücksichtigt	nicht berücksichtigt	Aspekt berücksichtigt	Aspekt berücksichtigt	Aspekt berücksichtigt	Aspekt berücksichtigt	nicht berücksichtigt	nicht berücksichtigt	nicht berücksichtigt
de Henau et al./AIS 1988	nicht berücksichtigt	nicht berücksichtigt	nicht berücksichtigt	eingeschr. berücksichtigt	Aspekt berücksichtigt	Aspekt berücksichtigt	nicht berücksichtigt	nicht berücksichtigt	nicht berücksichtigt
Schöberl und Huber 1988	nicht berücksichtigt	nicht berücksichtigt	eingeschr. berücksichtigt	eingeschr. berücksichtigt	Aspekt berücksichtigt	Aspekt berücksichtigt	nicht berücksichtigt	nicht berücksichtigt	nicht berücksichtigt
ipi-Institut 1988	nicht berücksichtigt	nicht berücksichtigt	Aspekt berücksichtigt	Aspekt berücksichtigt	Aspekt berücksichtigt	Aspekt berücksichtigt	nicht berücksichtigt	nicht berücksichtigt	nicht berücksichtigt
Öko-Waschküche/Ökotest 1988	nicht berücksichtigt	nicht berücksichtigt	Aspekt berücksichtigt	eingeschr. berücksichtigt	Aspekt berücksichtigt	Aspekt berücksichtigt	Aspekt berücksichtigt	eingeschr. berücksichtigt	eingeschr. berücksichtigt
Waschmittel Stiftung Warentest 1989	nicht berücksichtigt	nicht berücksichtigt	Aspekt berücksichtigt	eingeschr. berücksichtigt	Aspekt berücksichtigt	Aspekt berücksichtigt	Aspekt berücksichtigt	eingeschr. berücksichtigt	eingeschr. berücksichtigt
Kompakt- u. Flüssigwaschmittel Stiftung Warentest 1990	nicht berücksichtigt	nicht berücksichtigt	Aspekt berücksichtigt	eingeschr. berücksichtigt	Aspekt berücksichtigt	Aspekt berücksichtigt	Aspekt berücksichtigt	eingeschr. berücksichtigt	eingeschr. berücksichtigt
Produktlinienanalyse	Aspekt berücksichtigt	Aspekt berücksichtigt	Aspekt berücksichtigt	Aspekt berücksichtigt	Aspekt berücksichtigt	Aspekt berücksichtigt	Aspekt berücksichtigt	Aspekt berücksichtigt	Aspekt berücksichtigt

Quelle: Grießhammer et al. 1990

Der Einsatz von jährlich etwa 1,5 Millionen Tonnen Wasch- und Reinigungsmitteln (BRD alt) stellt eine große Umweltbelastung dar. Die Eingangsbelastung des kommunalen Abwassers wird zu einem großen Teil durch Wasch- und Reinigungsmittel verursacht: ca. 30% des Biologischen Sauerstoffbedarfs (BSB), ca. 23% des Chemischen Sauerstoffbedarfs (CSB) und ca. 40% des Salzgehalts sind auf Wasch- und Reinigungsmittel zurückzuführen. Hinzu kommen die beträchtliche Ressourceninanspruchnahme (Erdöl und Nachwachsende Rohstoffe, vgl. S. 64 u. 72), die Belastungen bei der Produktion und der Verpackungsaufwand – allein etwa 100000 Tonnen bei Vollwaschmitteln. Die eigentlich waschaktiven Inhaltsstoffe – die Tenside – wirken auf Fische und andere Wasserorganismen giftig. Ihre akute Giftigkeit ist für diese vergleichbar mit der von Pestiziden (Rudolph 1992). Wegen ihrer hohen Umweltrelevanz gibt es bei Waschmitteln eine lange Tradition bei der Umweltgesetzgebung und bei der Produktbewertung. Allerdings wurden bislang immer nur Teilaspekte der gesamten Produktlinie bewertet (vgl. Abb.). Das Öko-Institut wies in einer Vorstudie auf die Notwendigkeit einer umfassenden Produktbewertung hin und führt derzeit eine Produktlinienanalyse (S. 52) für Waschmittel durch. Die Vorstudie zeigte erhebliche methodische Mängel bei den meisten Produktbewertungen auf und bewies, daß die Modellrechnungen der Industrieseite die Eintragswege der Wasch- und Reinigungsmittel in die Umwelt falsch wiedergaben und daß das Haupttensid LAS „weißgewaschen" wurde. Selbst bei dem (in den alten Bundesländern) vergleichsweise fortgeschrittenen Stand der Abwasserbehandlung gerät fast ein Viertel der Abwasserinhaltsstoffe direkt in in die Umwelt: etwa 10,5% in die Gewässer und etwa 12,5% in den Boden (Grießhammer et al. 1990, Bd. 2, S. 229). In den neuen Bundesländern sind die Anteile sogar noch wesentlich höher. Die in den Gewässern auftretenden Konzentrationen von LAS (S. 62) sind zu hoch und nicht tolerabel, weil kein ausreichender Sicherheitsabstand im Hinblick auf die Giftigkeit gegenüber Wasserorganismen besteht. Der umfangreiche Einsatz von LAS erfolgt wahrscheinlich hauptsächlich wegen seiner niedrigen Produktionskosten.

GEMOWA im Test

Vergleich verschiedener Waschmittel

- vorläufige Ergebnisse; Emissionen nur teilweise erfaßt -

	LAS-Voll-waschmittel	Seifen-Baukasten I	Seifen-Baukasten II
Waschtemperatur	30°/60°	40°/95°	30°/60°
Tensidmenge	17,5 g	21,2 g	21,2 g
Bleichmittelmenge	31,0 g	2,85 g	4,31 g
Anbaufläche	-	0,21 qm	0,21 qm
Primärenergie	1,5 kWh	2,26 kWh	1,16 kWh
Kohlendioxid in Luft	260 g	470 g	240 g
Benzol in Luft	2 mg	-	-
Quecksilber in Wasser, Luft, Deponie	0,60 mg	0,15 mg	0,15 mg

Annahmen für einen Waschgang: 3 kg Wäsche; gemittelt über Waschgänge (80 % Buntwäsche, 20 % Weißwäsche) und entsprechende Waschtemperaturen; gemittelt über Härteverteilung (BRD alt). Die Tensidmenge ist bei Seifenwaschmitteln in der Regel höher als bei LAS-Waschmitteln, ebenso kann eine Erhöhung der Waschtemperaturen nötig sein. Beim Baukastensystem kann bei erhöhten Temperaturen dafür der Bleichmitteleinsatz erniedrigt werden.

Quelle: Grießhammer et al. 1990

Die bisher vorgelegten Produktbewertungen von Waschmitteln berücksichtigten jeweils nur Teilaspekte der Produktlinien (S. 94) und waren schon deswegen umstritten. Besondere Probleme bereitete der Vergleich verschiedener Umweltaspekte. Beispielsweise sind Seifen im Vergleich zum Haupttensid LAS in der Regel weniger giftig gegenüber Wasserorganismen, geraten bei der Abwasserentsorgung über Kläranlagen praktisch nicht in die Gewässer, müssen aber höherdosiert werden und häufig bei höherer Waschtemperatur eingesetzt werden, um den gleichen Wascheffekt zu erzielen (vgl. Modellannahmen in der Abb.). Weiter wird Seife aus Nachwachsenden Rohstoffen hergestellt und soll deswegen „CO_2-neutral" sein (also nicht zum Treibhauseffekt beitragen), wohingegen das Haupttensid LAS aus Erdöl hergestellt wird (S. 62). Mit dem Konzept der Produktlinienanalyse oder der Ökobilanz (S. 52) ist es dagegen möglich, viele (aber nicht alle!) Umweltaspekte direkt zu vergleichen. Das Öko-Institut führt derzeit eine Produktlinienanalyse Waschmittel durch, mit der die Produktlinien der wichtigsten Waschmittelinhaltsstoffe erfaßt werden und ein *Ge*samt-*E*missions-*MO*dell-*WA*schmittel *(GEMOWA)* erstellt wird. In einer Vor-Studie wurden Rohstoffverbrauch und Emissionen entlang der Produktlinien von LAS und Seife überschlägig erfaßt (Grießhammer et al. 1990). *Aufgrund der nur teilweise erfaßten und dargestellten Umweltaspekte ist es unzulässig, aus der Abbildung eine abschließende Bewertung vorzunehmen.* Einige – überraschende – Ergebnisse können allerdings schon aus der Vorstudie abgelesen werden:

Ein Seifenwaschmittel ist beispielsweise *niemals CO_2-neutral:* Erstens wird für die Seifenherstellung Natronlauge oder Kalilauge eingesetzt (die beide über den energie- bzw. stromintensiven Chloralkaliprozeß hergestellt werden, vgl. S. 66), zweitens wird wie bei allen Waschmitteln bei der Waschmaschinenwäsche Energie bzw. Strom verbraucht – bei Seifenwaschmitteln kann dies wegen höheren Waschtemperaturen sogar einen erhöhten Stromverbrauch bedeuten (vgl. Abb.). Die Seifenwaschmittel können – bei Erzielung des gleichen Wascheffekts – im Hinblick auf CO_2-Emissionen optimiert werden (vgl. zu diesem Begriff S. 54), wenn die Seifenmenge gesenkt wird, oder wenn niedere Waschtemperaturen möglich sind (z.B. bei Flüssigseifenwaschmitteln), oder wenn bei der Seifenherstellung Soda statt Natronlauge eingesetzt wird. Dies würde auch die Quecksilberbelastung (ebenfalls aus dem Chloralkaliprozeß) auf Null bringen.

Die Abbildung zeigt auch, daß bestimmte Aspekte beim Variantenvergleich nicht direkt verglichen werden können: beispielsweise wird bei der Produktion von LAS (S. 62) krebserzeugendes Benzol freigesetzt – bei der Seifenherstellung nicht. LAS ist mit dem Verbrauch der endlichen Ressource Erdöl (vgl. S. 64) verknüpft, Seife dagegen mit Anbau(flächen) für Ölpflanzen – meist in der Dritten Welt (vgl. Seiten 50 u. 72). Es ist wissenschaftlich unmöglich, eine direkte oder gar noch quantitative Beziehung zwischen diesen höchst unterschiedlichen Aspekten herzustellen. Der Vergleich bzw. die Bewertung „Ressourcenabbau versus Anbauflächen für Nachwachsende Rohstoffe" kann nur subjektiv erfolgen und wird niemals objektivierbar sein (vgl. S. 58 zur Bewertungsproblematik). Produktlinienanalysen und Ökobilanzen eignen sich also zum direkten Vergleich einiger, aber eben nicht aller Aspekte und zur internen Optimierung der verschiedenen Produkte, sie sind aber keine Allheilmittel zur Erlangung objektiver „Wahrheiten", wie auch das Umweltbundesamt in einer Vorlage für den Deutschen Bundestag in allgemeiner Form feststellte (Umweltbundesamt 1992).

Als ein weiteres wichtiges Zwischenergebnis der Vorstudie zu Waschmitteln kann festgehalten werden, daß Baukastensysteme wesentlich weniger umweltbelastend sind als „Voll"-Waschmittel – wenn man (wie in der Abb.) voraussetzt, daß jeweils gleiche Inhaltsstoffe eingesetzt werden. *Die sogenannten „Voll"-Waschmittel oder „Universal"waschmittel (die in der Bundesrepublik einen Marktanteil von etwa 70% haben!) haben zwei entscheidende Nachteile: Erstens sind sie entgegen herrschender Meinung für etwa 80% der durchschnittlich gewaschenen Wäsche – nämlich für die Buntwäsche – nicht geeignet, weil die bleichmittelhaltigen „Voll"-Waschmittel die Textilfarben angreifen. Die Bezeichnung „Voll"-Waschmittel ist grob irreführend.* Korrekt wäre es, „Voll"-Waschmittel als „Spezialwaschmittel" für Weißwäsche (etwa 20% der gewaschenen Wäsche) zu bezeichnen, die gebleicht werden muß. Zweitens werden „Voll"-Waschmittel nach dem Härtebereich dosiert. Nur der im „Vollwaschmittel" enthaltene Enthärter wird dadurch immer richtig dosiert, alle anderen Waschmittelinhaltsstoffe werden nur in Weichwassergebieten (die in der Bundesrepublik eher selten sind) richtig dosiert, in allen anderen Gebieten dagegen überdosiert (dies gilt vergleichbar für bleichmittelfreie Flüssigwaschmittel und Feinwaschmittel).

Baukastensysteme enthalten dagegen die drei wesentlichen Waschmittelkomponenten Tenside, Enthärter und Bleichmittel in getrennten Packungen, so daß sie jeweils einzeln und damit richtig dosiert werden können und so daß Bleichmittel nur dann eingesetzt werden können, wenn besondere Wäscheflecken dies erfordern. Beim Einsatz von Baukastensystemen statt „Voll"-Waschmitteln können 20–30% Waschmittel gespart werden (vgl. S. 92), bei Bleichmitteln beträgt der Einspareffekt sogar 80–90%. Aufgrund der Ergebnisse der Vorstudie für die Produktlinienanalyse Waschmittel war es möglich, die Vergabebedingungen für ein „Umweltzeichen" (S. 136) für Waschmittel-Baukastensysteme festzulegen. Als konkrete „Vergabebedingungen" wurden scharfe Anforderungen festgelegt: die Waschmittel müssen als Baukastensysteme angeboten werden; die Ergiebigkeit muß hoch bzw. die vorgeschriebene Dosierung klein sein; die Mindestanforderungen an Abbaubarkeit, (Un-)Giftigkeit etc. sind so festgelegt, daß die meisten der bisher eingesetzten Stoffe nicht in Frage kommen; Weichspüler (S. 92) und eine Reihe namentlich genannter Inhaltsstoffe sind grundsätzlich ausgeschlossen (RAL 1991). Weitere Ausschlüsse bestimmter Inhaltsstoffe waren beim derzeitigen Stand des Wissens nicht zu begründen – nach Abschluß einer kompletten Produktlinienanalyse und Kenntnis der Produktlinien der wichtigsten Waschmittelinhaltstoffe können die Vergabebedingungen überprüft und ggfs. revidiert werden – damit stellen die Waschmittel ein gutes Beispiel für die eine „Produktpolitik in Stufen" (S. 118) dar.

Auch beim europäischen Umweltzeichen („Eco-Labelling"), das seit 1992 vergeben werden kann, wird eine Vergabe des Umweltzeichens für Waschmittel geprüft.

Der Verzicht auf Weichspüler, richtige Befüllung der Waschmaschine, niedrige Dosierung (S. 92) und möglichst niedrige Waschtemperatur (S. 84) stellen ebenfalls wichtige Möglichkeiten zur Reduzierung der Umweltbelastungen durch Waschmittel dar.

Viel Schaum und wenig dahinter

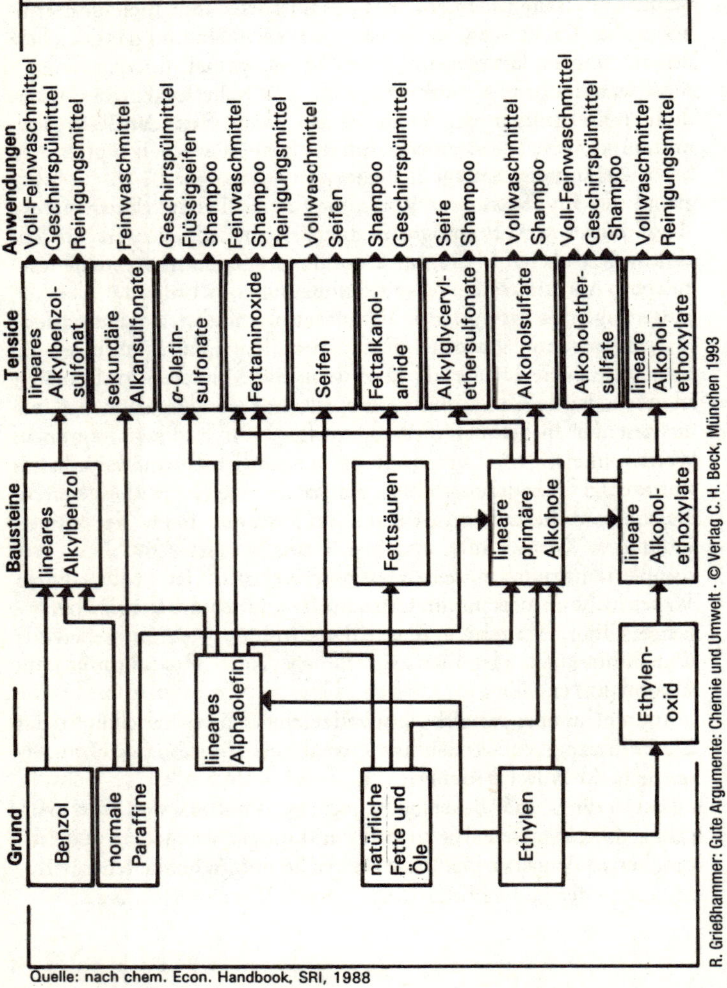

Quelle: nach chem. Econ. Handbook, SRI, 1988

Dem Umweltbundesamt liegen über 20000 Rahmenrezepturen für Produkte vor, die unter das Wasch- und Reinigungsmittelgesetz fallen. Diese Produkte verteilen sich auf etwa 215 verschiedene Produkttypen und verschiedenste Einsatzbereiche wie Textil-, Geschirr-, Fassaden-, Fahrzeug-, Melkmaschinenreinigung (Deutscher Bundestag 1989). Innerhalb der *einen* Produktgruppe „Textilreinigung im Haushalt" gibt es 16 verschiedene Produkttypen (Vollwaschmittel, Weichspüler etc.). Die einzelnen Waschmittel stellen Vielstoffgemische von 10 bis 15 Stoffen dar. Das Umweltbundesamt nennt etwa 35 wesentliche Wirkstoffgruppen und etwa 1000 verschiedene Inhaltsstoffe von Wasch- und Reinigungsmitteln. Hinzu kommt, daß wichtige Inhaltsstoffe (wie etwa das Tensid LAS) oft als Isomerengemisch und als technisches Produkt mit Nebenprodukten, Verunreinigungen, Begleit- und Hilfsstoffen vorliegen. Diese hohe Produkt- und Stoffvielfalt (vgl. S. 38) läßt es auf den ersten Blick als nahezu unmöglich erscheinen, für Waschmittel eine Produktlinienanalyse (S. 96) durchzuführen. Es gibt aber zwei Gründe, die dies doch ermöglichen. Erstens ist es möglich, Stoffe mit geringer Mengenrelevanz oder Konzentration auszuschließen, wobei dies allerdings im Einzelnen begründet werden muß (C 6). Zweitens zeigt sich, daß viele Inhaltsstoffe aus nur wenigen Grundbausteinen hergestellt werden, wie die nebenstehende Abbildung am Beispiel von Tensiden zeigt. Wesentliche organische Grundstoffe sind hier Natürliche Öle und Fette und die Petrochemikalien Benzol, Alkane und Ethylen (Fabry 1991). Wesentliche Anorganische Grundstoffe sind zum Beispiel Natronlauge, Chlor, Aluminium und Schwefeltrioxid bzw. Schwefelsäure und Ammoniak. Hat man einmal von diesen Grundstoffen eine Ökobilanz erstellt, so können diese als Grundbausteine oder „Module" immer wieder verwendet werden und erleichtern die Durchführung von Produktlinienanalysen und Ökobilanzen wesentlich. Aus diesem Grund ist es sinnvoll, im Sinne einer Schwerpunktsetzung und Beschleunigung der Produktbewertung vorrangig Ökobilanzen der wichtigsten Grundchemikalien und Materialien in Angriff zu nehmen (vgl. S. 58 u. S. 118).

Kühlschränke - Chemieschränke

Der Chemikaliencocktail im Kühlschrank

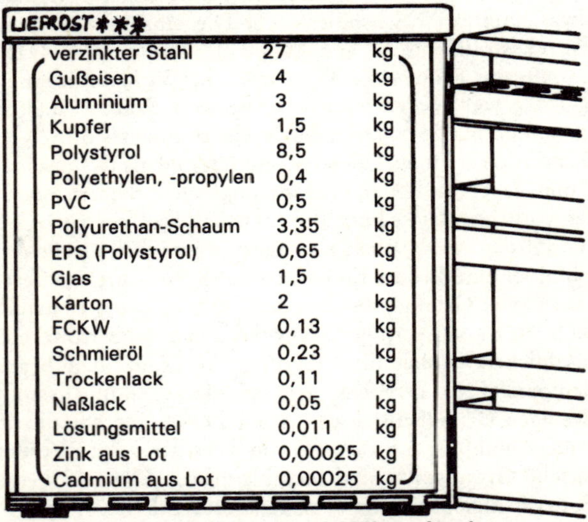

Emissionen aus Kühl- und Kältemitteln während der Gebrauchsphase (1987)

Jahresverbrauch von Kältemitteln

Anwendungsbereich	Jahresverbrauch in Tonnen	Verlust während Wartung u. Gebrauch
Gewerbliche Kühl- und Kälteanlagen	2.200 t	60 %
Industrielle Großkälteanlagen	3.730 t	70 %
Autoklimaanlagen	1.250 t	75 %
Haushaltskältegeräte	450 t	15 %
Raumklimaanlagen	110 t	75 %

Quelle: Hofstetter 1990 und Lotz 1989

In der Bundesrepublik(alt) werden jährlich etwa 3 Millionen Kühlschränke und Gefriergeräte hergestellt, etwa 24 Millionen Kühlgeräte befinden sich in den Haushalten. Die Kühlgeräte stehen bislang nur wegen ihrem hohen Strom- bzw. Energieverbrauch und wegen ihrem FCKW-Gehalt (F 12-Kältemittel und Treibgas F 11 in der Hartschaumisolierung) in der Diskussion. Die Belastung der Umwelt ist damit aber nur unzureichend erfaßt, wie eine Betrachtung der gesamten Produktlinie zeigt (Hofstetter 1990): Schon der Ressourcenverbrauch und die Umweltbelastung bei der Herstellung der Geräte sind hoch, die Verwertung und Entsorgung von jährlich etwa 2,7 Millionen Geräte schwierig und ebenfalls umweltbelastend. Die nebenstehende Abbildung zeigt die stark vereinfachte Materialbilanz eines typischen Kühlschrankes. Dabei muß bedacht werden, daß auch die Herstellung dieser Materialien (zum Beispiel Stahl oder PVC) umweltbelastend ist und daß Kunststoffe in der Regel mit verschiedenen Zuschlagsstoffen versehen sind (zum Beispiel mit Stabilisatoren, Weichmacher, Flammschutzmittel und anderen), die in der Materialbilanz noch gar nicht aufgeführt sind. Der Kühlschrank ist auch ein Chemieschrank. Aus diesem Grund ist es sinnvoll (auch unter Klimaschutzgesichtspunkten), ein altes funktionstüchtiges Kühlgerät möglichst lange zu betreiben und nicht frühzeitig durch ein stromsparenderes Neugerät zu ersetzen (Hofstetter 1990; VZ NRW 1991). Umweltgerechtes Verbraucherverhalten kann am Beispiel von Kühlschränken exemplarisch dargestellt werden (S. 84).

Gebrauchsgüter wie Kühlgeräte, Waschmaschinen und andere werden umweltpolitisch nachrangig behandelt. Weder gibt es ausreichende Vorschriften im Hinblick auf Produktion und Inhaltsstoffe, noch Verbrauchsnormen und schon gar keine Vorschriften zur entsorgungsfreundlichen Gestaltung der Geräte bzw. zur gezielten Demontage und Getrenntbehandlung einzelner Geräteteile.

FCKW-Kältemittel in Haushaltskühlgeräten sind ein Problem – viel größere Probleme gibt es allerdings mit industriellen und gewerblichen Anlagen und mit Autoklimaanlagen, wo sowohl die Jahresverbrauchsmengen wie auch die Freisetzungsraten bei Lekkagen, Reparaturen etc. wesentlich höher sind (vgl. S. 80ff.).

PVC - Das Leitfossil der Chemieindustrie

Produktlinie PVC

Rohstoffe	Nutzung beschränkter Rohstoffe: Erdöl, Steinsalz
Produktion	energieintensiv, umweltbelastend, störfallrelevant
Vor-und Zwischenprodukte	Chlor, Ethandichlorid und Vinylchlorid sind gefährliche, z.T. krebserzeugende Arbeitsstoffe
Zusatzstoffe	sind problematisch:
• Stabilisatoren	z.B. Cadmiumverbindungen
• Farbstoffe	z.B. Cadmium-, Bleiverbindungen
• Flammschutzmittel	z.B. Antimon-, Organobromverbindungen
• Weichmacher	z.B. DEHP: embryotoxisch
Kuppelprodukte	Zwangsanfall von chlororganischen Nebenprodukten
Gebrauch	Weichmacher dampfen aus; Übergang aus Verpackungen in Lebensmittel
Brand	Dioxinbildung bei Bränden aller Art
Recycling	kaum möglich wegen Zusatzstoffen ("Downcycling")

Quelle: Gensch 1990

Das wichtigste Massenprodukt der Chlorchemie ist der Kunststoff PVC (Polyvinylchlorid). 1987 wurden etwa 30% der Chlormenge (S. 42) nur für die Produktion von PVC eingesetzt (Nolte und Joas 1991). Das PVC führt praktisch an jedem Punkt seiner Produktlinie zu großen Problemen (Borgmann 1989, Claus et al. 1990). Das eigentliche (Roh-)PVC ist ein schlechter Kunststoff, seine vielseitigen Eigenschaften gewinnt PVC nur durch die prozentual sehr hohe Beimischung zahlreicher meist auch problematischer Zusatzstoffe – jährlich werden dem Roh-PVC allein etwa 255000 Tonnen Weichmacher beigesetzt! Die Zusatzstoffe führen schlußendlich auch dazu, daß ein wirkliches Recycling von PVC kaum möglich ist – allenfalls ein „Downcycling" zu immer minderwertigeren Produkten. Im Gegensatz zu den meisten anderen Kunststoffen wird PVC hauptsächlich in langlebigen Produkten (z.B. im Baubereich) eingesetzt – etwa 64% der Produkte haben eine Nutzungszeit länger als 15 Jahre, weitere 25% noch eine von 2–15 Jahren (Reimann 1988). Mindestens 7 Millionen Tonnen PVC sind noch im Gebrauch, die Abfallprobleme durch PVC werden in den nächsten Jahren noch verstärkt. Trotz der umweltpolitischen Diskussion nimmt die PVC-Produktion laufend zu, wobei der Inlandsverbrauch in etwa gleich bleibt – es wird einfach mehr exportiert (Gensch 1990).

Etwa 55% des PVC geht in Produkte des Hoch- und Tiefbaus, etwa 16% in Verpackungen, der Rest verteilt sich auf recht verschiedene Produkte – vom Auto bis zur Schallplatte. Mengenmäßig könnte sofort auf den größten Teil des PVC-Einsatzes verzichtet werden, weil unproblematischere Ersatzprodukte zur Verfügung stehen. Das Öko-Institut forderte ein PVC-Verbot mit der Möglichkeit, befristete Ausnahmegenehmigungen zu erteilen (Führ et al. 1989). Die in Diskussionsnot gekommene PVC-Industrie bzw. ihr Werbeverein AGPU werben mit großem Aufwand für PVC und stellten dabei meist genau die wenigen PVC-Produkte heraus, die tatsächlich schwerer zu ersetzen sind (z.B. Kabelummantelungen) oder am ehesten zu recyceln sind (z.B. PVC-Kunststoffflaschen, die aber mengenmäßig unbedeutend sind). Ansonsten fordern sie detaillierte Ökobilanzen für PVC und alle Ersatzprodukte – mit der Hoffnung, durch langjährige Studien Zeit zu gewinnen.

Die Industrie produziert nur Abfall

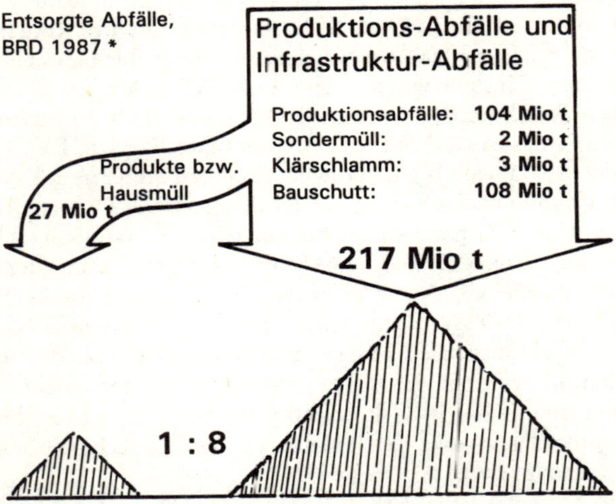

Durchschnittswerte organischer Schadstoffe im Deponiegas (in mg/m³)

Stoffe	Sondermüll-deponie	Hausmüll-deponie
Vinylchlorid	41	10
F 11	0,9	3
F 12	35	21
Benzol	9	2

Quelle: *Stat. Bundesamt 1990; **Lahl und Zeschmar-Lahl 1990

Verkürzt ausgedrückt produziert die Industrie Abfall, der nur zwischenzeitlich als Produkt genutzt wird. Entscheidende Änderungen im Abfallbereich sind daher nur möglich, wenn sich in Produktentwicklung und -gebrauch Entscheidendes ändert (S. 110). Außer einigen wenigen Produkten wie (ausgediente) Autos oder Gebäude landen die meisten Produkte im Siedlungsmüll. Von daher ist man versucht anzunehmen, daß die Hausmüllmenge in etwa der Abfallmenge entspricht, die mit Produkten verknüpft ist. Weit gefehlt: bei Betrachtung der Produktlinien müssen die Produktionsabfälle ebenso den Produkten zugerechnet werden wie die Infrastrukturabfälle (Klärschlamm aus Kläranlagen, Bauschutt aus abgerissenen Fabriken, Häusern, Straßenbau etc.). Dann stehen hinter jeder Hausmülltonne gedanklich weitere acht Tonnen Müll, die vor oder nach Produktgebrauch mitanfallen. (Eventuell könnte man bei dieser Betrachtung den Bauschutt weglassen, genausogut aber die etwa 50% vegetabilischen Abfälle im Hausmüll, so daß das Verhältnis 1:8 in etwa gewahrt bliebe).

Der Anteil der Chemischen Industrie an den (Produktions-) Abfällen und Reststoffen des Produzierenden Gewerbes liegt bei etwa 6% und damit in der Größenordnung des anteiligen Umsatzes; bei Sonderabfällen ist die Chemieindustrie mit 56% aber einsamer Spitzenreiter oder besser einsames Schlußlicht.

Noch gewichtiger als die Abfallmengen ist die Belastung des Mülls mit chemischen Schadstoffen, beispielsweise mit Schwermetallen oder organischen Schadstoffen. Während Klärschlamm früher ein begehrter Dünger für die Landwirtschaft war, werden heute etwa 70% wegen zu hohem Schadstoffgehalt deponiert oder verbrannt. Die Ursachen für die hohe Schadstoffbelastung des Hausmülls sind schadstoffhaltige Produkte wie z.B. Konsumelektronikgeräte (S. 110) oder Spraydosen (S. 90), problematische Materialien wie z.B. Lösemittel, in Kleingeräten eingebaute Nickel-Cadmium-Akkumulatoren, PVC (S. 104), durch die Herstellung oder „Ausrüstung“ schadstoffbehaftete Produkte, z.B. chlorgebleichtes Papier oder fungizid-imprägniertes Holz und nicht vollständig geleerte Packungen wie z.B. Lackeimer (Öko-Institut 1992).

Der späte Sieg der Jutetasche

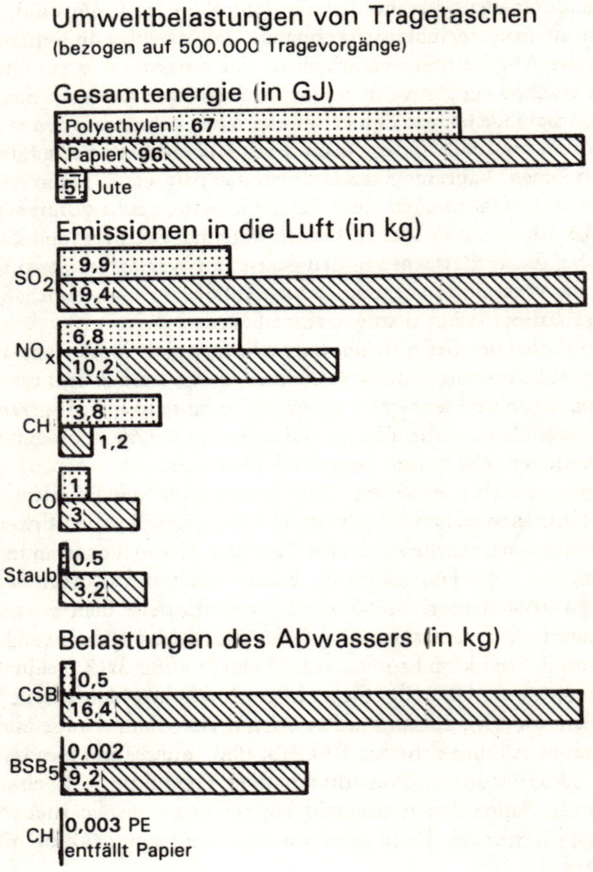

Quelle: UBA 1988

Der „Tragetaschenvergleich" des Umweltbundesamts war die erste Produkt-Ökobilanz, die in der Öffentlichkeit auf große Resonanz stieß – nicht zuletzt aufgrund des überraschenden Ergebnisses. Nach Bilanzierung der gesamten Produktlinie (S. 52) kam das Umweltbundesamt zu der Bewertung, daß Polyethylen-Einmaltragetaschen weniger umweltbelastend sind als Papier-Einmaltragetaschen aus ungebleichtem Kraftpapier (Umweltbundesamt 1988). Die ermittelten Energieverbrauchs- und Emissionsdaten sind der nebenstehenden Abbildung zu entnehmen (eine weitere Papiervariante mit gebleichtem Papier schnitt noch ungünstiger ab). Zum Vergleich wurden jeweils 50000 Einmal-Tragetaschen mit einem Umlauf bzw. Mehrfachtragetaschen aus Jute (1000 Taschen, 50 Umläufe) und Polyamid (500 Taschen, 100 Umläufe) herangezogen. Bei der Analyse und Bewertung wurden allerdings die Teilbilanzen Rohstoffgewinnung (Erdöl versus Nachwachsendem Rohstoff Holz) und Entsorgung (Kunststoff versus prinzipiell kompostierbarem Papier) deutlich vernachlässigt. Bei einem vergleichbaren Einbezug dieser Teilbilanzen würde die Papiertragetasche dort besser abschneiden und es käme bei der (immer subjektiven) Bewertung (S. 58) wohl eher zu einer Pattsituation. Auf jeden Fall muß nach der Untersuchung die bis dahin gängige Einschätzung (Papiertragetasche = gut; Polyethylen-Tragetasche = schlecht) als widerlegt gelten – auch wenn die Studie eine Reihe weiterer methodischer Mängel aufweist (vgl. Gensch 1992). Bei der Präsentation in der Öffentlichkeit und im Titel der Studie wurde leider das eigentliche Ergebnis verdrängt: Klare Sieger um Längen waren nämlich grundsätzlich die Mehrfachtragetaschen, allen voran die gute alte Jute-Tragetasche, so daß das Müsli-Motto der 70er Jahre „Jute statt Plastik" hier seine volle Berechtigung hat(te). Dies gilt erst recht angesichts des nahezu unglaublichen jährlichen Verbrauchs von etwa 2,5 Milliarden Polyethylen-Einmaltragetaschen, entsprechend einem Materialeinsatz und Abfallaufkommen von etwa 60000 Tonnen Polyethylen. Die Gesamtumweltbelastung dieser 2,5 Milliarden Tragetaschen kann man aus der nebenstehenden Abbildung durch Multiplikation mit dem Faktor 50000 errechnen!

Grüner Fernseher oder falsches Programm?

Im Farbfernseher enthaltene Stoffe mit umweltgefährdendem Potential*

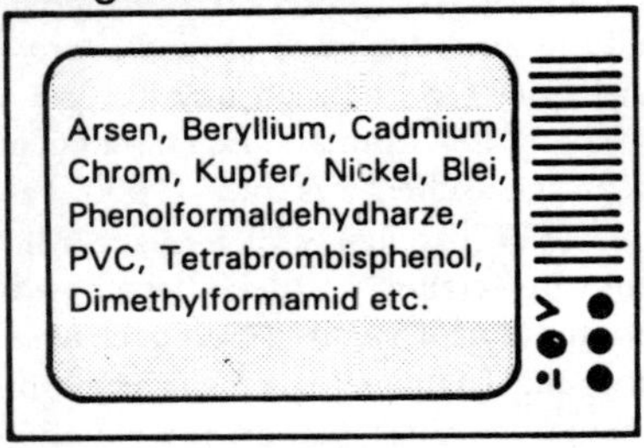

Elektronikschrott-Verordnung oder Elektronik-Schrottverordnung?

Bindende Vorschriften für:

Ressourcenschonung -

umweltschonende Herstellung -

energiesparender Gebrauch -

lange Produktlebensdauer -

leichte Reparierbarkeit -

Rücknahmeverpflichtung -

Legende

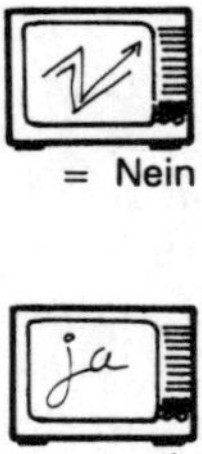

Quelle: *Maryonik 1991

Die beiden zentralen Prinzipien bundesrepublikanischer Umweltpolitik sind das Vorsorgeprinzip und das Verursacherprinzip. In der Praxis ist davon nichts zu sehen als ein riesiger Abfallberg. Vor allem bei der Produktentwicklung, die die Umweltsituation letztlich entscheidend bestimmt, hält sich die staatliche Umweltplanung entscheidend zurück und versucht stattdessen die Symptome zu kurieren – so etwa im Abfallbereich. Am Beispiel des Entwurfs der Elektronikschrott-Verordnung (ICU 11/1991, S. 19–20) wird dies besonders deutlich. Pro Jahr fallen in der Bundesrepublik etwa 800000 Tonnen Elektronikschrott an, weitere Steigerungen sind vorprogrammiert. In der Bundesrepublik fallen jährlich beispielsweise etwa 2–2,2 Millionen Fernsehgeräte als Abfall an; bis ins Jahr 2000 wird sich die Zahl voraussichtlich auf 4,3–4,6 Millionen erhöhen (Maryniok 1991). In dem bunten Materialien-Mix aus Haushaltsgeräten, Fernsehern, Computern etc. finden sich auch stark schadstoffhaltige Komponenten wie z.B. Leiterplatten und Gehäuse mit bromhaltigen Flammschutzmitteln, PCB-haltige Kondensatoren oder Blei aus alten Fernsehröhren. Im § 1 des Verordnungsentwurfs wird als abfallwirtschaftliches Ziel zwar eine umweltgerechte Produktentwicklung genannt, aber nachfolgend nicht vorgeschrieben und bei Zuwiderhandlung nicht einmal mit einem Bußgeld bestraft. Geplant ist nur eine Rücknahme- und Verwertungspflicht für ausgediente Elektronikgeräte ab 1994 – und auch die noch ohne Mindesterfassungsquoten und mit vielen Ausnahmen. Umweltminister Töpfer fand dafür große Worte: „Mit der vorgelegten Verordnung unterstreichen wir erneut die Ernsthaftigkeit unseres Konzepts einer neuen Produktverantwortung. ... So arbeiten die europäischen TV-Gerätehersteller bereits an der Entwicklung eines demontagefreundlichen ‚Grünen Fernsehers'" (BMU 1991, S. 355). Im gleichen Artikel der Zeitschrift des Umweltministeriums werden die eigentlichen Ziele – die Lenkung und Verlagerung von Abfallströmen aber wesentlich nüchterner wiedergegeben: „Erstes Ziel der Verordnung ist es, zu verhindern, daß Elektronikschrott weiterhin mit dem Hausmüll entsorgt wird. ... Zweites Ziel ist es, die Hausmüllentsorgung mengenmäßig zu entlasten" (BMU 1991 S. 355). *Grüner Fernseher oder einfach nur falsches Programm?*

Der große Bankbetrug

Stoffliche Zusammensetzung einer entleerten Flüssigwaschmittel-Verpackung*

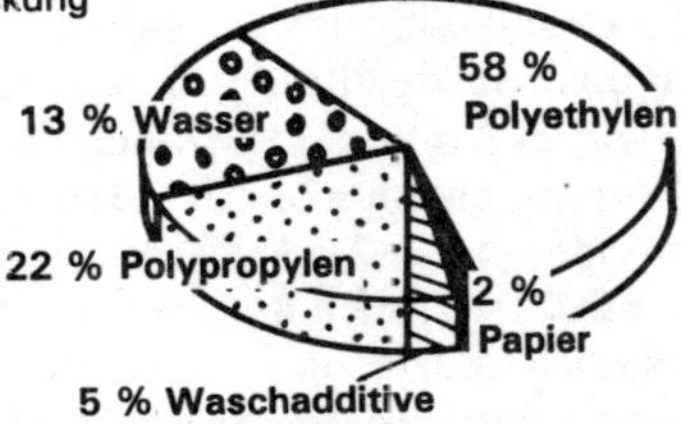

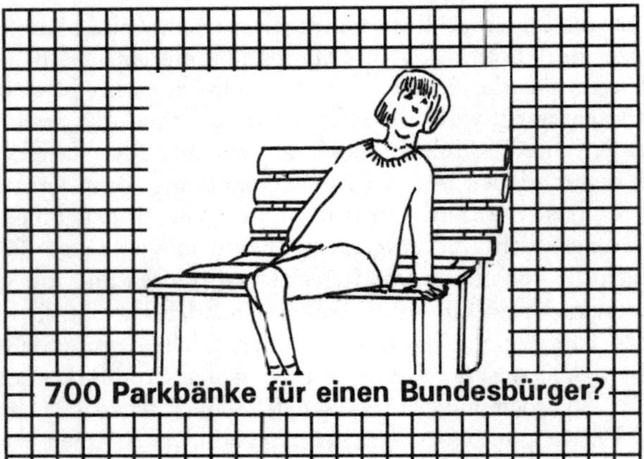

Der Pro-Kopf- und -Leben(70 Jahre)-Kunststoff-Verbrauch der Bundesrepublik, recycliert in Parkbänke

Quelle: *Käufer et al. 1991

Als probates Mittel gegen die steigenden Abfallberge wird immer wieder das Recycling hervorgehoben. Dabei werden nur zu gerne dessen Probleme unterschlagen: Erstens kann das Recycling zu erheblichen Umweltproblemen führen – bedingt durch die hohe Schadstoffbelastung des Mülls (S. 106) und durch die stoffliche Zusammensetzung des Recyclingguts selbst (z. B. quecksilberhaltige Batterien oder PVC-Kabel). Zweitens sind die Recyclingprodukte oft von minderer Qualität (z. B. bei Kunststoffgemischen) oder das Recycling kann nicht beliebig oft wiederholt werden (z. B. bei Papier wegen abnehmender Faserlänge). Drittens werden auch die Recyclingprodukte bald selbst zu Abfall, so daß eine wirkliche Abfallverminderung nur dann erreicht wird, wenn die Primärproduktion zurückgefahren wird. Vor allem Kunststoffe sind für Recycling wenig geeignet: Bei Verpackungen bleiben Reste des Inhalts und Etiketten hängen, je nach Sammelsystem gibt es Verschmutzungen durch andere Müllanteile und Kunststoffmischungen. Weiteres Problem: „Die vier am häufigsten im Hausmüll vorkommenden Kunststoffe (Polyethylen, Polypropylen, Polystyrol, Polyvinylchlorid) sind untereinander völlig unverträglich. Dies verhindert den Einsatz von gemischten Kunststoffabfällen für hochwertige Produkte“ (Härdtle et al. 1991). Tatsächlich liegt die Kunststoff-Recycling-Quote derzeit nur etwa bei 5 %, während andererseits bis zum Jahr 2000 mehr als eine Verdopplung der Neuproduktion prognostiziert wird (Härdtle et al. 1991, S. 9). Der Verband der Kunststoffindustrie versucht deshalb, die Verbrennung von Kunststoffen als „thermisches“ Recycling und die chemische Zersetzung von Kunststoffen mit teilweiser Rückgewinnung der Monomeren als „chemisches“ Recycling zu verkaufen und kündigte trotzdem an, daß die Kunststoffindustrie die ab 1995 gesetzlich vorgeschriebene (!) Recyclingquote für Kunststoffverpackungen nicht einhalten könne (VKE 1992). Der Pro-Kopf-Verbrauch von Kunststoffen lag in der Bundesrepublik (alte Länder, 1990) bei etwa 150 kg. Bei einem Kunststoff-Parkbank-Gewicht von etwa 15 kg könnte man daraus 10 Parkbänke pro Jahr und in 70 Jahren 700 Parkbänke herstellen. Das Altlasten-Problem könnten dann die nachfolgenden Generationen aussitzen. ...

Ich mach' mit - mein Mann nicht

Abfallarmer Einkauf, Getrenntsammeln, Getrenntlagern, Kompostieren, Bring- und Holarbeiten, Erziehung der Kinder zu "abfallarmem" Verhalten bedeuten bei einem 2-3-Personenhaushalt etwa 20 % Mehrarbeit - traditionellerweise für die Frau. Das Duale System verschärft diese Situation. Lösung: Echte Müllvermeidung bei Herstellung und Handel und Nutzung der gewonnenen Zeit zur Diskussion über rollenspezifische Aufteilung von Hausarbeit und Kindererziehung ...

Bei Vorschlägen für ein geändertes, umweltgerechtes Verbraucherverhalten werden oft ökonomische und soziale Aspekte der verlangten Änderung unterschlagen. Das Öko-Institut fordert deswegen die Anwendung von Produktlinienanalysen, die ökologische *und* ökonomische *und* soziale Aspekte prüfen (S. 54).

Wenn man statt Tiefkühlkost Frischware kocht, wenn man von Hand spült statt mit der Geschirrspülmaschine, wenn man für die Kleinkinder Baumwollwindeln nimmt und wäscht, statt Einwegwindeln zu verwenden, braucht man deutlich mehr Zeit – genauer gesagt: nicht mann, sondern traditionellerweise die Frau.

In einer Untersuchung zur kommunalen Abfallwirtschaft wurde darauf hingewiesen, daß die an sich sinnvollen Vorschläge für einen „abfallarmen" Einkauf und nachgelagerte Arbeiten wie Getrenntsammeln, Kompostieren, Getrenntlagern, Transporte, Kindererziehung zu umweltgerechtem Handeln bei einem Zwei- bis Dreipersonenhaushalt rund zwanzig Prozent mehr Zeit an Hausarbeit bedeuteten (Schulz 1991). Die empirische Konsumforschung zeigt, daß es frauen- und männerdominierte Produktgruppen gibt. Frauen sind für Haushaltsführung und Wohnlichkeit „zuständig" (Nahrungsmitteleinkauf, Textilien, Körperpflege und Waschmittel, Küchengeräte), Männer dagegen für Autos und Freizeittechnik (Autos, Surfbrett, Videogeräte, CD-Player usw.). Interessanterweise zielen die meisten Vorschläge für umweltfreundliches Verhalten (nicht nur im Müllbereich) auf die eher frauenbestimmten Produktbereiche.

Irmgard Schulz wies darauf hin, daß Müllvermeidung an der Quelle weniger Rohstoffe, weniger Transporte, weniger Energie und weniger Arbeitskraft bei VerbraucherInnen erfordert, wohingegen das Duale System jeweils zum Gegenteil führt. Ein Produkt ohne Blisterpackung ist umweltfreundlicher und erfordert keine Auspackzeit im überfüllten Supermarkt und keine Suche nach dem Getrenntsammelcontainer, während das Kleinkind im Kinderwagen schreit und das größere Kind derweil die Süßigkeiten an der Kasse inspiziert.

Der Instrumentenkoffer der Chemiepolitik

§

Ordnungsrechtliche Instrumente, z.B.

- Genehmigungsverfahren
- Zulassungs- oder Anmeldeverfahren für Produkte
- Stoff- und Produkt-Verbote
- Grenzwerte
- Informationspflichten

Marktorientierte Instrumente, z.B.

- Öko-Abgaben
- Rücknahmeverpflichtungen (Öko-Leasing)
- Produkthaftung
- Öffentliches Beschaffungswesen
- Umweltzeichen
- Verbraucheraufklärung, Warenkennzeichnung

Freiwillige Vereinbarungen

Die Umweltpolitik greift auf eine Vielzahl von Steuerungsinstrumenten zurück, die sich aus einem historischen, oft widersprüchlichen Entwicklungsweg ergeben haben – eine klare Konzeption ist nicht zu erkennen (Baumgartner et al. 1989). Zur Regulierung werden praktisch alle Instrumente eingesetzt. Bislang erfolgt kein systematischer Einsatz der Instrumente, der die jeweiligen Vor- und Nachteile einzelner Instrumente und Kombinationen berücksichtigt und ggfs. neue Instrumente entwickelt (Grießhammer 1991b).

Die spezifischen Besonderheiten des Chemiebereichs (hohe Stoff-, Produkt-, und Anlagenvielfalt und -komplexizität: vgl. S. 38) führen dazu, daß

– die Grenzen des reinen Ordnungsrechts schnell erreicht sind und enorme Vollzugsdefizite auftreten,
– der Gesetzgeber mit Detailfestlegungen überfordert ist und diese an untere Behörden oder an Gremien delegiert, wobei er oft einen großen Ermessensspielraum gibt, der von den zumeist industrieorientierten Gremien einseitig genutzt wird (S. 120)
– der Gesetzgeber zunehmend versucht, Gesetzen und Verordnungen aus dem Weg zu gehen, indem er Freiwillige Selbstverpflichtungen der Industrie akzeptiert oder entsprechende Vereinbarungen trifft – ohne Umwelt- und Verbraucherverbände und Gewerkschaften einzubeziehen.

Chemiepolitisch ist zu fordern, daß

– ordnungsrechtliche Instrumente eher sparsam eingesetzt, gleichzeitig aber schärfer gefaßt und zügiger verabschiedet werden
– die Mitwirkungsrechte und der Datenzugang für Betroffene und stellvertretend für Umwelt- und Verbraucherverbände sowie für Gewerkschaften gestärkt werden (Wollny 1992)
– verstärkt Instrumente eingesetzt werden, die ein wirtschaftliches Eigeninteresse der Industrie an einer umweltfreundlichen Produktgestaltung erzeugen, z.B. Ökoabgaben (S. 126) oder Produkthaftung
– freiwillige Vereinbarungen unter Beteiligung *aller* betroffenen Kreise getroffen werden (Führ 1990).

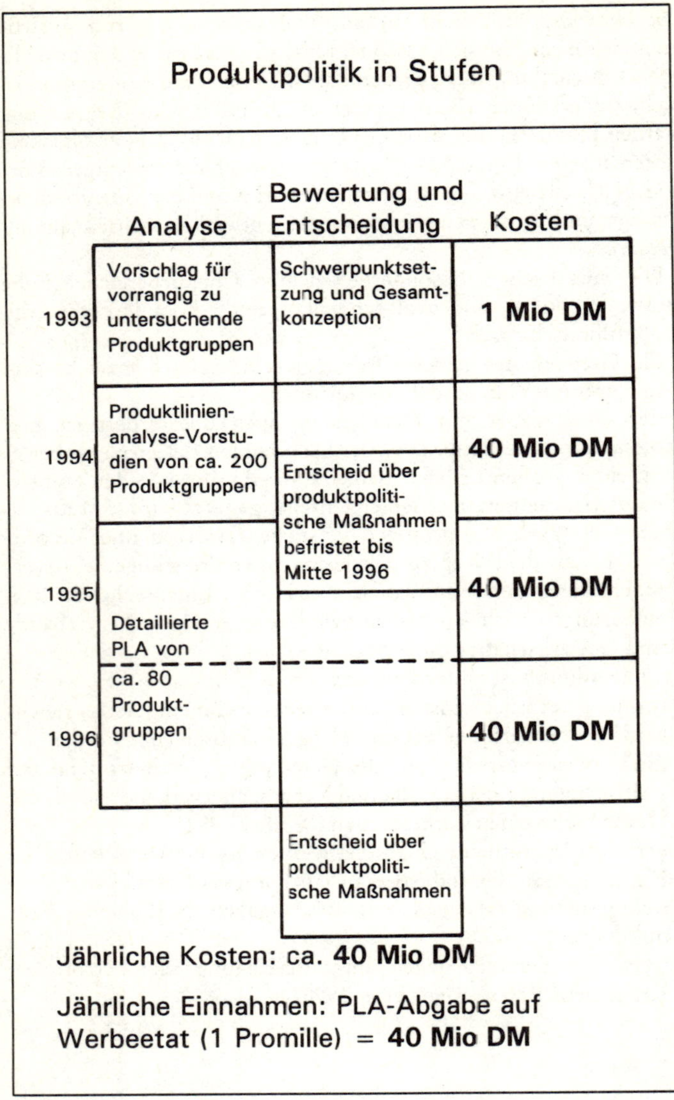
Produktpolitik in Stufen
Analyse
Bewertung und Entscheidung
Kosten
1993
Vorschlag für vorrangig zu untersuchende Produktgruppen
Schwerpunktsetzung und Gesamtkonzeption
1 Mio DM
1994
Produktlinienanalyse-Vorstudien von ca. 200 Produktgruppen
40 Mio DM
Entscheid über produktpolitische Maßnahmen befristet bis Mitte 1996
1995
40 Mio DM
Detaillierte PLA von ca. 80 Produktgruppen
1996
40 Mio DM
Entscheid über produktpolitische Maßnahmen
Jährliche Kosten: ca. 40 Mio DM
Jährliche Einnahmen: PLA-Abgabe auf Werbeetat (1 Promille) = 40 Mio DM

Das Öko-Institut schlägt eine produktpolitische Gesamtkonzeption vor, mit der eine systematische Untersuchung der wichtigsten Produktgruppen durch Produktlinienanalysen (PLA; vgl. S. 52–61) und eine begründete Auswahl der produktpolitischen Instrumente erfolgt (Grießhammer und Pfeifer 1992): In der *ersten Phase* werden aus den vielen Produktgruppen, die auf dem Markt sind (S. 38) mit einer begründeten Schwerpunktsetzung maximal 200 Produktgruppen ausgewählt, die durch hohen Stoffumsatz oder problematische Inhaltsstoffe zu einer vergleichsweise hohen Umweltbelastung führen. In der *zweiten Phase* werden zu den ausgewählten Produktgruppen orientierende Produktlinienanalysen („Screening-PLA") durchgeführt. Wenn die dabei erhaltenen Informationen ausreichend sind, so wird entschieden, welche produktpolitische Maßnahme oder welcher Maßnahmen-Mix geeignet ist, um die jeweilige Produktgruppe angemessen zu regulieren.

In vielen Fällen (Annahme: bei 80 der 200 Produktgruppen) wird es geboten sein, die vorläufigen Ergebnisse der orientierenden Produktlinienanalyse mit einer detaillierten Produktlinienanalyse zu vervollständigen. Entsprechend werden in der *dritten Phase* etwa 80 detaillierte Produktlinienanalysen durchgeführt und danach über umweltpolitische Maßnahmen neu entschieden. Für die produktpolitische Gesamtkonzeption und die Durchführung der Produktlinienanalysen würden Kosten von maximal 120 Millionen anfallen, verteilt über vier Jahre. Zum Vergleich: der Werbeaufwand der Industrie liegt insgesamt bei etwa 30 bis 40 Milliarden (!) DM pro Jahr (beispielsweise allein etwa 400 Millionen DM pro Jahr bei Wasch- und Reinigungsmitteln). Die Finanzierung könnte problemlos durch eine PLA-Abgabe auf die Werbung erfolgen (eine Promille auf den jährlichen Werbeetat würde ausreichen). In der Abschlußerklärung des „1. Freiburger Kongresses für Produktlinienanalysen und Ökobilanzen" wurde vorgeschlagen, für die Durchführung des Programms eine „Stiftung Produktlinienanalyse" zu gründen, wobei der Stiftungsbeirat aus VertreterInnen der gesellschaftlichen Gruppen zusammengesetzt sein soll (Grießhammer und Pfeifer 1992).

Nichts Neues zu Altstoffen

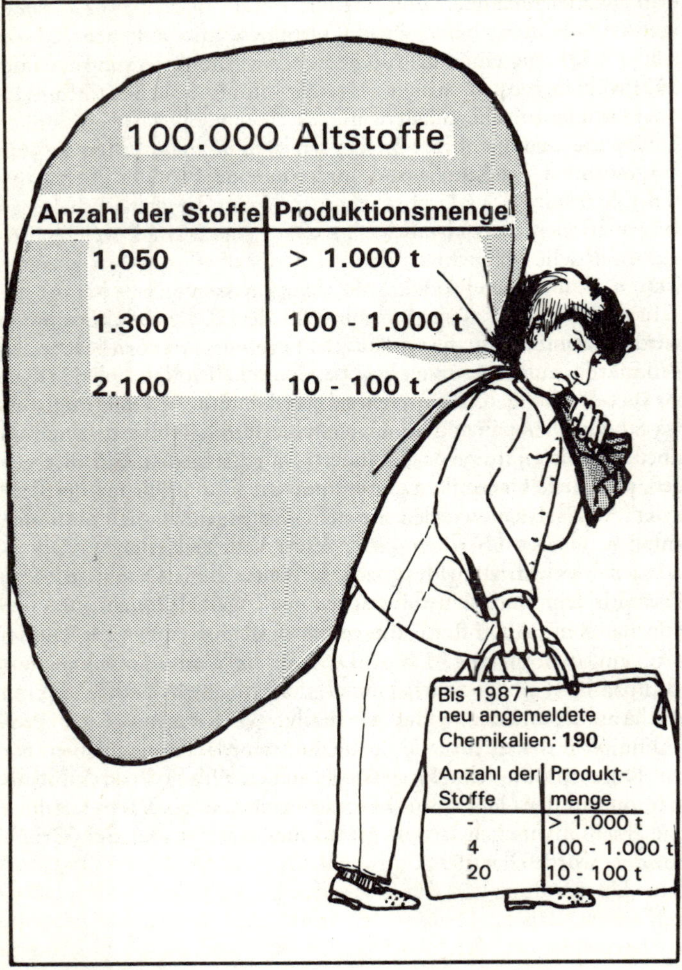

Quelle: Pohle 1991

Das Chemikaliengesetz ist das zentrale übergreifende Gesetz für chemische Stoffe und Zubereitungen. Es regelt einerseits neu auf den Markt kommende Chemikalien und – mit wenig Wirkung – die vielen alten Chemikalien (Altstoffe), die bei Inkrafttreten des Chemikaliengesetzes bereits auf dem Markt waren. Wegen seiner hohen Bedeutung werden das Chemikaliengesetz, die Kritik am Chemikaliengesetz und an der Altstoffregelung sowie Verbesserungsvorschläge ausführlich in drei Abschnitten dargestellt:

I. Aufbau des Chemikaliengesetzes
II. Kritik am Chemikaliengesetz und an der Altstoffüberprüfung
III. Vorschläge zur Neugestaltung

I. Aufbau des Chemikaliengesetzes

Das Chemikaliengesetz soll als „Leitgesetz zum Schutz vor gefährlichen Stoffen" dienen (Pohle 1991, S. 43). In der Praxis hat es sich dagegen als Leitgesetz zum Schutz der Chemieindustrie vor schärferen Auflagen erwiesen. Das Chemikaliengesetz trat 1982 in Kraft und wurde 1990 novelliert, eine weitere Novellierung steht wegen einer Anpassung an das novellierte EG-Chemikaliengesetz an. Das Gesetz soll grundsätzlich für alle gefährlichen Stoffe gelten, allerdings wurden einige Stoffbereiche (zum Beispiel Pestizide oder Abfälle) davon ausgenommen. Entgegen landläufiger Meinung beinhaltet das Chemikaliengesetz kein Zulassungsverfahren, sondern nur ein Anmeldeverfahren. Weiter gibt es einen geradezu dramatischen Unterschied zwischen neu angemeldeten Stoffen und sogenannten „Altstoffen", die vor dem 18. September 1981 in der EG auf dem Markt waren. Die wesentlichen Anmelde- und Prüfpflichten gelten zuerst einmal nicht für die Altstoffe, die nur nachträglich und aufwendig geregelt werden können (siehe unten). Damit wird der eigentliche Problemdruck durch Chemikalien nur am Rande erfaßt, denn die Altstoffe stellen 99,8 Prozent der Stoffe dar, die auf dem Markt sind! Hinzu kommt, daß von der Chemieindustrie offensichtlich viele Stoffe unberechtigt als Altstoffe gemeldet wurden, wie stichprobenhafte Überprüfungen ergaben: Eine Überprüfung von vier hessischen Herstellern bzw. Importeuren zeigte, daß 52 Prozent der Stoffe unberechtigt als Altstoffe nachgemeldet wurden. Auch in anderen europäischen Ländern konnten ähnliche Altstofftricks nachgewiesen werden.

Vereinfacht ausgedrückt kann man beim Chemikaliengesetz drei Regelungsbereiche unterscheiden:

a) Anmeldepflichten und Mitteilungspflichten
b) Arbeitsschutz-, Kennzeichnungs- und Verpackungspflichten.
c) Verbotsregelungen

a) Anmeldepflichten und Mitteilungspflichten
Bei einem voraussichtlichen Produktionsumfang von mindestens einer Tonne/Jahr muß der Hersteller oder Importeur eines Stoffes (Anmelder) einen Grunddatensatz vorlegen, u.a. mit den Ergebnissen von einfachen (öko-)toxikologischen Prüfungen (z.B. akute Toxizität). Bei höheren Produktionsmengen müssen – gestaffelt – weitere (öko-)toxikologische Prüfungen durchgeführt werden (z.B. Prüfung auf krebserzeugende Eigenschaften – ab 100 Tonnen/Jahr –, oder langfristige Toxizität gegenüber Wasser- und Bodenorganismen – ab 1000 Tonnen/Jahr).

Weiter gibt es (nach der Novellierung) verschiedene Mitteilungspflichten, z.B. über neue Erkenntnisse bei bereits angemeldeten Stoffen oder bei Zwischenprodukten.

b) Arbeitsschutz-, Kennzeichnungs- und Verpackungspflichten
Diese sind in der Gefahrstoff-Verordnung erlassen, die etwa 1400 „gefährliche" Stoffe erfaßt und die Einstufung, Kennzeichnung und sachgemäße Verpackung im Hinblick auf bestimmte Gefährlichkeitsmerkmale (zum Beispiel entzündlich, giftig, sensibilisierend) regelt. Für einige wenige Stoffe (zum Beispiel Asbest, Formaldehyd, bestimmte Dioxine und Furane) gibt es Beschränkungen für bestimmte Einsatzgebiete, Grenzwerte und Schutzmaßnahmen.

c) Verbotsregelungen
Nach § 17 des Chemikaliengesetzes können Verbote für Stoffe ausgesprochen werden (dies ist bislang nur erfolgt für Pentachlorphenol, Polychlorierte Biphenyle, FCKW und Halone).

II. Kritik am Chemikaliengesetz und an der Altstoffüberprüfung

Zum Chemikaliengesetz gibt es eine ganze Reihe von Kritikpunkten (Führ et al. 1989), von denen hier nur die drei wichtigsten dargestellt werden können:

- Das Chemikaliengesetz zielt zu sehr auf Stoffe und vernachlässigt die Anwendung im Produkt. Es wird praktisch nicht als produktpolitisches Instrument genutzt.
- Ziel des Chemikaliengesetzes ist es zwar, „den Menschen und die Umwelt vor schädlichen Einwirkungen gefährlicher Stoffe zu schützen" (§ 1), aber die Umweltauswirkungen werden deutlich vernachlässigt: *„Bei der näheren Beschäftigung mit dem Chemikaliengesetz und den bisher erlassenen Vorschriften wird deutlich, daß im Hinblick auf den Umfang der konkretisierenden Vorschriften das Schwergewicht der Regelungen bisher auf der Seite des Gesundheits- und Arbeitsschutzes liegt"* (Pohle 1991, S. 51).
- Die *zentrale Schwäche* des Chemikaliengesetzes ist aber die unterschiedliche Regelung zwischen neuen Stoffen und Altstoffen:

Das Chemikaliengesetz sah ursprünglich vor, daß Altstoffe nachträglich und mit dem (umständlichen) Instrument einer Rechtsverordnung geregelt werden sollten, wenn „tatsächliche Anhaltspunkte" für eine Gefährdung vorliegen. Um die besonders gefährlichen Altstoffe zu ermitteln und zu regeln, wurde 1982 mit einer „Freiwilligen Altstoffüberprüfung" auf freiwilliger Basis begonnen (s.u.). In der 90er-Novelle wurde die Eingriffsschwelle etwas herabgesetzt. Nunmehr reichen plausible Hinweise statt tatsächlicher Anhaltspunkte aus, und erforderliche Daten können für alle Stoffe mit einer Produktionsmenge von mehr als 10 Tonnen/Jahr per Verordnung abgefordert werden – bislang hat die Bundesregierung aber auf eine solche Verordnung verzichtet (da sie die Freiwillige Altstoffüberprüfung für ausreichend hält), wohingegen in der EG eine Altstoff-Verordnung erlassen werden soll (ICU 1/1991, S. 8–11).

Die Altstoffüberprüfung erfolgt seit 1982 im Rahmen einer Freiwilligen Selbstverpflichtung der Chemischen Industrie mit dem „Beratungsgremium für umweltrelevante Altstoffe" (BUA). Die konkrete Durchführung der Altstoffüberprüfung führte zu deutlicher Kritik, aber – im Laufe der Zeit – nur zu einigen Verbesserungen. Wesentliche Kritikpunkte an der Freiwilligen Altstoffüberprüfung sind:

- Das BUA wird einseitig von der Industrie dominiert, Vertreter von Umwelt- und Verbraucherverbänden wurden nicht einmal als Beobachter zugelassen.
- Die Auswahl und Schwerpunktsetzung für prioritär zu untersuchende Stoffe war willkürlich und wies schwere methodische Fehler auf: die Schwermetalle Cadmium, Quecksilber oder Blei wurden einfach ausgeschlossen; deutsche Produktionsdaten standen nicht zur Verfügung; wichtige Stoffe der Mineralölindustrie fehlten; natürlich vorkommende Stoffe wie zum Beispiel das krebserzeugende Benz(a)pyren wurden ausgeschlossen, obwohl sie auch bei industriellen Prozessen entstehen. Einige wenige Verbesserungen erfolgten, allerdings erst sehr spät (ICU 10/1990, S. 3–6), wobei eine dritte (!) Prioritätenliste nachgelegt wurde.
- In den einzelnen erstellten Stoffberichten fehlen wichtige Daten oder sie werden völlig unzureichend behandelt (insbesondere der Einsatz in Produkten): zum Beispiel genaue Produktionsmengen, kumulierte Produktionsmengen, genaue Anwendungsmuster, Störfälle, Transportunfälle, Vergiftungsfälle durch Produkte, Vorkommen in Altlasten, Verfahren zur sachgerechten Beseitigung oder Angaben über Ersatzstoffe.
- Im Bereich des Arbeitsschutzes wird die betriebliche Praxis in Klein- und Mittelbetrieben verkannt und bei den experimentellen Studien werden falsche Schwerpunkte gesetzt (Wölcke und Ruprich 1992).
- Die Altstoffüberprüfung erfolgt viel zu langsam. Im Zeitraum 1982 bis 1990 wurden nur 80 Stoffberichte erstellt: und dies bei insgesamt 100000 Altstoffen bzw. 4600 Altstoffen mit einer Produktionsmenge von mehr als 10 Tonnen. Die drei Prioritätenlisten mit zusammen nur 317 Stoffen wären bei diesem Tempo erst im Jahr 2005 abgearbeitet.
- Die Altstoffüberprüfung erfolgt nicht maßnahmenorientiert. Die bisher durch Verordnungen geregelten Stoffe waren schon längst vor der Altstoffüberprüfung als Problemstoffe erkannt (Pentachlorphenol, PCB, FCKW und Halone), dies gilt auch für die chlorierten Lösemittel, Teeröle, Dioxine/Furane und Poly-

bromierte Diphenylether, für die Verordnungsentwürfe vorliegen.

III. Vorschläge zur Neugestaltung

Das Öko-Institut hat vorgeschlagen, das Chemikaliengesetz in mehreren Punkten grundsätzlich zu ändern:

- Unabhängig von Detailregelungen soll das Verursacherprinzip durch Festlegung von Grundpflichten für die Hersteller fixiert werden. Grundpflicht der Hersteller müßte sein, Gefahren zu verhindern, Vorsorge zu treffen und Daten über Wirkungen des Stoffes, seine Anwendungsbereiche, Anwendungsmengen und Entsorgungsmöglichkeiten mitzuteilen.
- Für die Umsetzung und Kontrolle dieser Grundpflichten sollten geeignete administrative Instrumente entwickelt werden. Einschränkungen für Altstoffe sollten bereits per Verwaltungsakt der Behörden erfolgen können (nicht mit dem schwerfälligen Instrument der Verordnung). Umwelt- und Verbraucherverbände sollten bei Entscheidungen generell beteiligt werden (Beispiel: Altstoffüberprüfung) und ein Klagerecht gegen Entscheidungen der Behörde erhalten.
- Eindeutig umweltgefährdende (zum Beispiel PVC), hochtoxische und krebserzeugende Substanzen (zum Beispiel Benzol) sollten umgehend verboten werden, wobei in begründeten Einzelfällen befristete Ausnahmen zugelassen werden können.
- Für die Altstoffüberprüfung sollten in einem zeitlich festgelegten und nach Produktionsmengen gestuften Verfahren chemiepolitisch relevante Datensätze (S. 128) ermittelt werden. Die Zusammenstellung sollte EDV-gestützt erfolgen und frei einsehbar sein.
- Das Chemikaliengesetz sollte grundsätzlich auch als produktpolitisches Instrument genutzt werden.
- Für die wichtigsten Produktgruppen sollten im Rahmen einer Schwerpunktsetzung vergleichende Produktlinienanalysen (S. 118) durchgeführt werden.

Ökoabgaben - das Phantom der Umweltoper

In der BRD geplante Reduzierung der CO_2-Emissionen

ca. 250 Millionen Tonnen CO_2

Von Hoechst 1992 beantragte jährliche Produktionsmenge von F 134a : 13.000 Tonnen

Treibhauseffekt bei Freisetzung dieser Menge

ca. 40 Millionen Tonnen CO_2-Äquivalente

Kosten der technischen CO_2-Vermeidung*

- pro Tonne CO_2: **10-100 DM**
- für 40 Millionen Tonnen CO_2: **400-4.000 Millionen DM**

Anteilige Vermeidungskosten pro kg F 134a: **30-300 DM**

geschätzter Endverkaufspreis pro kg F 134a: **ca. 20 DM**

Quelle: *Fritsche et al. 1989

Durch die Vielfalt der im Chemiebereich eingesetzten Stoffe und Produkte (S. 38) ist das Ordnungsrecht an seine Grenzen gestoßen. Die Vielzahl der Regelungen ist nur noch mühsam überschaubar, der Vollzug ist oft nicht gesichert, fast alle Ausführungsregelungen (vgl. etwa S. 120), Grenzwerte etc. werden von nicht demokratisch legitimierten „Gremien" festgelegt: „Das Parlament hat noch keinen einzigen Grenzwert beschlossen" (so Umweltbundesamtpräsident von Lersner). Im Umweltbereich konsequent eingesetzte ökonomische Instrumente (Ökoabgaben, Ökosteuern, Produkthaftung etc.) würden dagegen zu einem ökologischen Rationalisierungsdruck und zu einem Eigeninteresse der Wirtschaft an umweltgerechten Entwicklungen führen. Folgerichtig sprechen sich praktisch alle gesellschaftlichen Gruppen und Parteien der Bundesrepublik für ökonomische Instrumente im Umweltschutz aus, allen voran die Industrie: „Auch für die Wirksamkeit im Umweltschutz braucht die Marktwirtschaft klare staatliche Rahmenbedingungen, gewissermaßen als Ergebnis gesellschaftlicher Wertvorstellungen. Es sollte das Prinzip herrschen: Wer die Umwelt entlastet, hat finanzielle Vorteile, und wer die Umwelt belastet, sollte finanzielle Belastungen tragen. Umweltschutz muß sich lohnen." (DECHEMA et al. 1990). Von wenigen meist auch noch ökonomisch vernachlässigbaren Ausnahmen abgesehen (z. B. Abwasserabgaben) gibt es aber die allseits gewünschte, durchgreifende ökonomische Steuerung gar nicht. Einerseits werden bei manchen Regelungen umweltbelastende Produkte ökonomisch sogar noch entlastet: Mineralölsteuerbefreiung für PVC (S. 104) und andere Kunststoffe, Salzsteuerbefreiung für Streusalz, hohe Leuchtmittelsteuer für Energiesparlampen (50–80 Pf) im Vergleich zu Glühbirnen (2–3 Pf). Andererseits bewegen sich die wenigen, ernsthafter diskutierten Abgaben wie etwa die Kohlendioxid-Abgabe in einer bescheidenen Größenordnung, die kaum eine strukturverändernde Wirkung haben kann. Und allen voran wehrt sich der Verband der Chemischen Industrie gegen Ökoabgaben: „Es ist aber mehr als bedenklich, wenn ... unter dem Schlagwort ‚Ökonomische Instrumente in der Umweltpolitik' die Unternehmen mit Sonderabgaben finanziell stärker belastet werden (so VCI-Präsident Hermann J. Strenger)".

Was der Umweltminister weiß

Die mangelhafte Datenlage kennzeichnet eine der zentralen Schwächen der Umwelt- und Chemiepolitik. Daraus darf allerdings nicht der Umkehrschluß gezogen werden, daß eine bessere Datenlage automatisch zu besseren umweltpolitischen Maßnahmen führen würde. Mehr Informationen sind notwendig, aber nicht hinreichend. Wegen der hohen Bedeutung des Umgangs mit Daten wird dieser in drei Abschnitten ausführlich dargestellt:

I. Beispiele für die mangelhafte Datenlage
II. Systematische Einteilung von Daten-Problemen
III. Vorschlag zur Verbesserung der Datenlage

I. Beispiele für die mangelhafte Datenlage

Die Umweltpolitik leidet unter einem eklatanten Mangel an Daten über Ausmaß und Art der Produkt- und Stoffströme und deren Auswirkungen. Drei Beispiele aus den letzten Jahren belegen dies:

1. Giftige Biozide in Innenräumen (zum Beispiel Schädlingsbekämpfungsmittel, Holzschutzmittel)
2. Ozonschädigende Chemikalien
3. Altstoffe

1. Giftige Biozide in Innenräumen

- Zitat Schädlingsbekämpfungsmittel: „*Zum Anwendungsumfang von Insektiziden in den Haushalten der Bundesrepublik Deutschland liegen dem Bundesgesundheitsamt keine Angaben vor*" (Bundestags-Drucksache 10/4285, 1985).
- Zitat Holzschutzmittel: „*Für die in Innenräumen angewandten Mengen liegen keine für die Bundesrepublik repräsentativen Zahlen vor*" (Bundestags-Drucksache 10/4285, 1985).
- Zitat zu Auswirkungen: „*Systematische Untersuchungen über das Ausmaß der Immissionen (Anm: in Innenräumen) und damit möglicherweise zusammenhängende Erkrankungen sind in der Bundesrepublik bisher nur vereinzelt durchgeführt worden*" (SRU – Rat von Sachverständigen für Umweltfragen 1987, S. 7) und: „*Die Frage, welche Luftverunreinigungen oder Luftschadstoffe in welchen Konzentrationen in Innenräumen und über welche Expositionszeiträume hinweg als gesundheitlich unbedenklich gelten können, kann derzeit nur schwer und allenfalls für wenige Luftschadstoffe beantwortet werden*" (ebenda S. 7).

- Sechs Jahre später ist man kaum klüger. Zitat: *„Der Bundesrat fordert die Bundesregierung auf, ... festzustellen, in welchen Zubereitungen Stoffe mit biozider Wirkung verwendet werden und um welche Stoffe es sich dabei handelt ...“* (Antrag des Landes Berlin im Bundesrat, Bundesrats-Drucksache 644/1991).

2. Ozonschädigende Chemikalien
- Zitat: *„Exakte nationale Produktions- sowie Export- und Importmengen von FCKW und anderen ozonrelevanten Stoffen sind trotz der öffentlichen Diskussion, die diese Stoffe in den letzten Jahren verursacht haben, kaum zugänglich“* (Umweltbundesamt 1989, S. 63).
- Die Bundesregierung bzw. das Umweltbundesamt schätzten (!) noch bis Mitte 1987 den bundesdeutschen FCKW-Jahresverbrauch auf etwa 60000 Tonnen pro Jahr, später wurde die Schätzung auf 90000 bis 100000 Tonnen korrigiert. Der Verband der Chemischen Industrie bezifferte noch im April 1988 nach einer Befragung der beiden bundesdeutschen Hersteller den Verbrauch an vollhalogenierten FCKW auf 75000 Tonnen (davon 59000 Tonnen aus deutscher Produktion, Export unbekannt). Auch die von der Klima-Enquete-Kommission angeschriebene FCKW-Arbeitsgruppe der europäischen Hersteller trug zum allgemeinen Ratespiel bei und signalisierte, *„daß die korrekte Verbrauchsmenge die genannten 75000 Tonnen um zehn Prozent unter- oder überschreite“* (Enquete-Kommission 1988, S. 179). Die Enquete-Kommission hielt es schlußendlich für *„nicht unrealistisch, einen Verbrauch in der Größenordnung von mindestens 100000 Tonnen anzunehmen“*.
- Auch bei dem ozonschädigenden 1,1,1-Trichlorethan ist die Datenlage unklar: *„Ähnlich wie bei den FCKW sieht die Situation bei 1,1,1-Trichlorethan aus, das in der Bundesrepublik Deutschland nur von Dow Chemical produziert wird. Auch hier werden die genauen Produktionszahlen aus Geheimhaltungsgründen nicht publiziert; die nationale nominelle Produktionskapazität wird mit 135000 Tonnen für das Jahr 1986 angegeben“* (Umweltbundesamt 1989, S. 65) und: *„Der genaue Verbrauch in der Bundesrepublik Deutschland ist aus Geheimhaltungsgründen nicht veröffentlicht worden und kann nur geschätzt werden. Der Verband der Chemischen Industrie (VCI) bezifferte den In-*

landsmarkt auf etwa 45000 Tonnen/Jahr (VCI 1988). Eine Erhebung der Europäischen Hersteller chlorierter Kohlenwasserstoffe (ECSA) über den deutschen Markt ergab für 1986 eine Verkaufszahl von 38500 Tonnen. Diese Zahl wird vom VCI und der Dow Chemical heute vertreten" (Umweltbundesamt 1989, S. 166/167).

3. Altstoffe

Was obenstehend an Informationslücken bei Einzelbeispielen für einzelne Chemikalien oder Produkte gezeigt wird, gilt vergleichbar und mit nur wenigen Ausnahmen für die 100000 Altstoffe nach dem Chemikaliengesetz (S. 120).

Als im Jahr 1982 mit der Altstoffüberprüfung begonnen wurde, hatte die Bundesregierung keine Übersicht über die Produktionsmengen der 100000 Altstoffe (ICU 10/1990, S. 4). Erst im Laufe der Jahre wurde vom Verband der Chemischen Industrie (VCI) eine grobe Übersicht der ca. 4600 Altstoffe über zehn Tonnen zusammengestellt, aber nur scheibchenweise veröffentlicht. Im Januar 1992 war der Stand folgender: Die Erhebung wurde vom VCI bei den größeren Produzenten für das Jahr 1985 durchgeführt. Der VCI schätzt, daß die einbezogenen Firmen aber nur 80 bis 90 Prozent der Stoffe repräsentieren. Eine Teil-Liste von etwa 1000 Stoffen mit einer Produktionsmenge über 1000 Tonnen/Jahre wurde 1988 in der Zeitschrift „Chemische Industrie" veröffentlicht – wobei nicht die genauen Produktionsmengen genannt wurden, sondern nur die Stoffe aufgeführt wurden. Später wurde vom VCI die Teil-Liste von etwa 1300 Stoffen zwischen 100 und 1000 Tonnen den Behörden zur Verfügung gestellt, eine Veröffentlichung soll noch erfolgen (Brief des VCI, abgedruckt im ICU 1/1992, S. 13–14). Die Teil-Liste der etwa 2100 Stoffe zwischen 10 und 100 Tonnen wurde nicht einmal den Behörden übergeben.

II. Systematische Einteilung von Daten-Problemen

Eine systematische Betrachtung zeigt, daß es drei Typen von Daten (Grießhammer 1988a) gibt:

1. Daten, die aus heutiger Sicht methodisch nicht zu erlangen sind: zum Beispiel können in der Regel die Einwirkungen verschie-

denster Chemikalien auf Ökosysteme nicht in einer hundertprozentig zu belegenden Ursache-Wirkungs-Kette ermittelt werden. Die ökotoxikologische Methodik ist eingestandenermaßen nur wenig entwickelt (Wassermann 1988, Broecker 1988) und wird immer recht beschränkt bleiben.

Zu diesen Informationslücken gehören sinngemäß auch Daten, die nur bei einem riesigem, in der Praxis nicht sinnvollem Aufwand erlangt werden könnten, zum Beispiel die Wirkung eines Luftschadstoffes auf alle Pflanzenarten (ca. 400000). Chemiepolitisch sind daraus zwei Prinzipien abzuleiten:

- Da das Unwissen groß ist, muß das Vorsorgeprinzip erst recht zum Tragen kommen.
- Im Hinblick auf Haftungsfragen muß bei den Fällen, die offensichtlich nicht hundertprozentig nachgewiesen werden können, schon die hohe Plausibilität eines Zusammenhangs als Nachweis ausreichen.

2. Daten, die noch nicht ermittelt wurden, aber bei angemessenem Mitteleinsatz verfügbar gemacht werden können. Als Beispiele hierfür können neu anzumeldende Chemikalien oder eine handhabbare Anzahl nachträglich zu überprüfender Altstoffe (S. 120) gelten. Chemiepolitisch sind auch hieraus zwei Prinzipien abzuleiten:

- Es muß sichergestellt werden, daß die erforderlichen Daten erhoben werden.
- Dies erfordert zum einen die Beschreibung der gewünschten Datensätze, zum anderen die Festlegung der geeigneten gesetzlichen oder freiwilligen Maßnahmen.

3. Daten, die erhoben worden sind, aber nicht öffentlich zugänglich sind. In der Regel sind solche Daten von der Industrie erhoben worden und werden entweder gar nicht oder nur den Behörden öffentlich gemacht (vgl. oben am Beispiel der verschiedenen Altstofflisten).

Die Argumentation des Verbands der Chemischen Industrie hat Nader zusammengefaßt (Nader 1991). Kennzeichnend ist hier zum einen der Verweis auf Betriebs- und Geschäftsgeheimnisse, zum anderen der Hinweis, daß bestimmte Daten freiwillig gegeben werden, oder der VCI dies seinen Mitgliedsfirmen zumindest empfohlen hat. Weitergehende und festgelegte Informationspflichten weist der VCI im Hinblick auf die nationale und internationale

Konkurrenzsituation zurück. Auffälligerweise vermeidet der VCI Stellungnahmen zu den viel weitergehenden Informationspflichten der amerikanischen Chemieindustrie („freedom of information act", verschiedene „right-to-know"-acts, das „toxic release inventory" und andere mehr). Nader (1991) und Weise (1991) verweisen darauf, daß die Chemische Industrie selbst über das Anwendungsmuster von Produkten und über Importe keine oder nur beschränkte Daten hat – auch dies spricht für gesetzliche Regelungen.

III. Vorschlag zur Verbesserung der Datenlage

Das Öko-Institut hat im Rahmen der Novellierung des Chemikaliengesetzes vorgeschlagen, chemiepolitisch relevante Datensätze festzulegen, die in zeitlich festgelegten, gegebenenfalls gestuften Verfahren von den Produzenten und Anwendern inhaltlich gefüllt werden müssen. Die Zusammenstellung soll EDV-gestützt erfolgen und öffentlich zugänglich sein (Führ et al. 1989). Je nach Anwendungsfall (Altstoffbeurteilung im Rahmen des Chemikaliengesetzes, Produktlinienanalyse, Genehmigung einer Produktionsanlage etc.) können die Datensätze in den Anforderungen unterschiedlich sein.

Die bevorstehende Umsetzung der EG-Akteneinsichtsrichtlinie in nationales Recht wird eine Verbesserung der Informationslage bringen, wenngleich die EG-Richtlinie weit hinter den Erwartungen zurückgeblieben ist.

Genehmigungsverfahren um die Ecke

Am Anfang die Bekanntmachung

(Hess. Staatsanzeiger)

Die Firma Ticona beantragt ...
eine Erhöhung der Produktion von Hostaform
von **50.000 t/Jahr** auf **60.000 t/Jahr** ...

Und am Ende ein erfolgreicher Einspruch:

Das wurde erreicht:

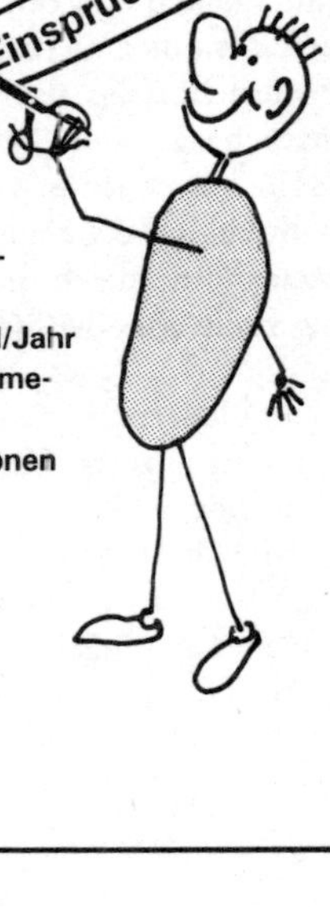

- **Reduzierung von bisher 8 t Formaldehyd-Emissionen/Jahr auf 0,5 t/Jahr**
- **Vollständiges Recycling von 215 t Abfall/Jahr**
- **Festlegung von Grenzwerten für Schwermetalle und für Lärm**
- **Reduzierung der Methylenchlorid-Emissionen**
- **Beseitigung der Diphenylemissionen**
- **Festlegung regelmäßiger Messungen u.a.m.**

Quelle: KGV 1992

Für umweltbewegte Bürger ist es schwer, auf die Gesetzgebung im Chemiebereich einzuwirken. Über die Wahlen zum Bundestag bis hin zum EG-Ministerrat ist der Weg lang und leider bestens für die Lobbyarbeit der Industrie geeignet. Direkte Einflußmöglichkeiten auf Gesundheits- und Umweltschutz hat man dagegen bei Genehmigungsverfahren für Chemie- und Industrieanlagen in der Nachbarschaft, von denen erhebliche Umweltbeeinträchtigungen (Luftschadstoffe, Abwasser, Abfall, Lärm, Geruchsbelästigungen etc.) ausgehen können. In der Bundesrepublik unterliegen etwa 60000 Anlagen (von Chemieanlagen, Kraftwerken, Müllverbrennungsanlagen bis hin zur industriellen Massentierhaltung) der Genehmigungspflicht nach dem Bundesimmissionsschutzgesetz oder dem Abfallgesetz. Für die wichtigsten Betriebe ist ein Genehmigungsverfahren mit Beteiligung der Öffentlichkeit vorgeschrieben, jährlich laufen mehrere Tausend (!) Genehmigungsanträge (KGV 1992). Durch aktive Beteiligung an solchen Verfahren, durch Einsprüche, Verhandlungen mit den Firmen und notfalls Gerichtsprozesse konnten schon oft erhebliche Verbesserungen gegenüber dem vorgelegten Antrag erreicht werden. Leider werden die Möglichkeiten zuwenig genutzt, weil die Genehmigungsanträge im Amtsblatt oder im Anzeigenteil der örtlichen Zeitung nicht gelesen werden, oder weil die Anwohner vor den technischen oder juristischen Fragen zurückschrecken. Das Öko-Institut und der BUND haben deshalb die „Koordinationsstelle Genehmigungsverfahren" (KGV) gegründet, die auf örtliche Genehmigungsanträge hinweist, eine Checkliste für Einwendungen zur Verfügung stellt, beispielhafte Genehmigungsbescheide sammelt und ggfs. Gutachter vermittelt (KGV 1992). Die Industrie versucht immer wieder, das mehr als berechtigte Nachbarschaftsrecht zu beschneiden – mit Hinweis auf überlange Genehmigungsverfahren, drohende Abwanderung ins Ausland, Arbeitsplatzverlusten, etc. Eine Studie im Auftrag des Bundeswirtschaftsministeriums belegte freilich nahezu das Gegenteil: Die durchschnittliche Dauer von Genehmigungsverfahren lag bei nur sieben Monaten, die allermeisten Verfahren verliefen problemlos, zwei Drittel der Unternehmen stellten sogar einen eher positiven Einfluß der Öffentlichkeitsbeteiligung fest (ICU 11/91, S. 16–18).

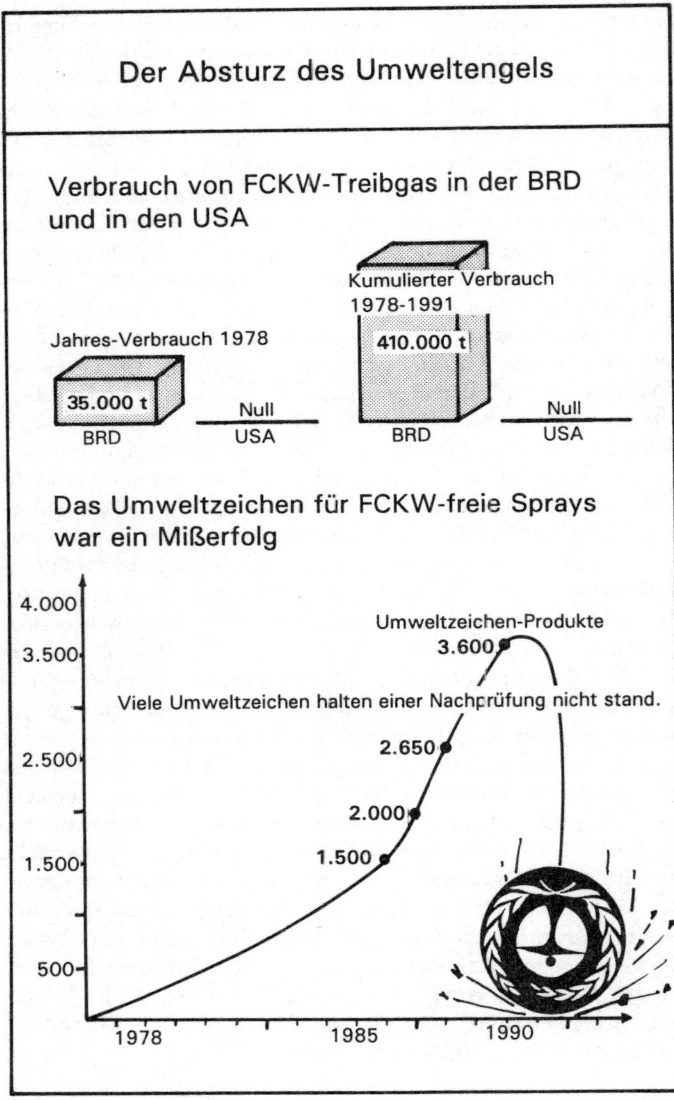

R. Grießhammer: Gute Argumente: Chemie und Umwelt · © Verlag C. H. Beck, München 1993

Seit 15 Jahren gibt es das deutsche Umweltzeichen – und genausolang heftige Diskussionen darüber. Die deutliche Kritik am Umweltzeichen (Grießhammer 1986) führte in den letzten Jahren zu einer Reihe von Verbesserungen, nicht aber zu einer grundsätzlichen Neuorientierung (Umweltbundesamt 1990b; ICU 2/1991, S. 18–20). Anfang 1992 ist das anders strukturierte EG-Umweltzeichen in Kraft getreten, das in manchen Punkten Fortschritte bedeutet, in anderen aber Rückschritte (ICU 11/1990, S. 3–7). Am Beispiel des deutschen Umweltzeichen kann – im Vergleich mit den Vorschlägen für eine produktpolitische Gesamtkonzeption (S. 118) und umfassende Produktbewertungen (S. 58) – die Halbherzigkeit bundesdeutscher Produktpolitik besonders gut deutlich gemacht werden.

Beim deutschen Umweltzeichen ist die notwendige Schwerpunktsetzung auf vorrangig zu untersuchende Produktgruppen nicht erfolgt – genauso wenig wie in der Produktpolitik insgesamt (S. 38 u. S. 118). Die Zusammensetzung der bisher ausgezeichneten 70 Produktgruppen weist eine gewisse Beliebigkeit auf. Während es für so wichtige Produktgruppen wie Kühlschränke oder Waschmaschinen kein Umweltzeichen gibt, tragen zum Beispiel „luftentlastende Rasierseifenschäume" das Umweltzeichen. Beim EG-Umweltzeichen besteht dagegen der Anspruch, nur wenige, aber wichtige Produktgruppen auszuzeichnen. Umgekehrt ist die Öffentlichkeitsbeteiligung über Umwelt- und Verbraucherverbände beim EG-Umweltzeichen minimal, beim deutschen Umweltzeichen dagegen (zumindest formal) sehr gut. Die „Jury Umweltzeichen" beschließt für einzelne Produktgruppen bindende Vergabebedingungen, die Detailüberprüfung für einzelne Produkte erfolgt durch das Deutsche Institut für Gütesicherung und Kennzeichnung (RAL). Die gute Beteiligung in der Jury Umweltzeichen darf aber nicht darüber hinwegtäuschen, daß die ehrenamtlich arbeitenden VertreterInnen von Umwelt- und Verbraucherverbänden erhebliche Schwierigkeiten hatten und haben, wiederum ehrenamtliche Experten für die Festlegung der Vergabebedingungen in den vielen untersuchten Produktgruppen zu finden (Schirmer 1990). Durch die systematische Untersuchung wichtiger Produktgruppen (S. 118) könnte hier eine deutliche Verbesserung in der Informationslage und damit in den Einflußmöglichkeiten erreicht werden. Das eigentliche Planungsziel des deutschen Umwelt-

Umweltzeichens ist gerade in der wichtigen Anfangsphase und in der Werbung nie klar formuliert und deshalb immer falsch als *absolute* Hochlobung (für den „Blauen Engel!“) verstanden worden: Nach dem erklärten Willen der Jury Umweltzeichen soll das Umweltzeichen aber *nur* innerhalb von solchen *Produktgruppen* vergeben werden, die die Umwelt *in besonderem Maße belasten*, im konkreten Fall dann natürlich für die weniger belastenden Einzelprodukte innerhalb dieser Produktgruppen. Dieses an sich zweifelhafte Planungsziel führte dann konsequenterweise dazu, daß wirklich umweltfreundliche oder unproblematische Alternativen bzw. Produkte, wie etwa Fahrräder, das Umweltzeichen *nicht* bekommen konnten, weil sie qua Planungsziel grundsätzlich ausgeschlossen waren. Der Handrasenmäher oder die Sense können also kein Umweltzeichen bekommen, dafür die stinkigen und lauten Motorrasenmäher, die etwas weniger laut sind, oder die elektrisch betrieben werden! Auch die Einbeziehung des Nutzens ist beim deutschen Umweltzeichen gleich doppelt mißglückt: Zum einen erfolgt keine Bedürfnisprüfung und es werden Produkte ausgezeichnet, deren Nutzen im Vergleich zur damit verbundenen Umweltbelastung doch zweifelhaft ist, zum Beispiel Haarsprays oder Deosprays. Zum anderen wird die „Nutzeinheit“ nicht ausreichend geprüft. Es kann also durchaus möglich sein, daß ein lösemittelarmer Lack mit Umweltzeichen in wesentlich größerer Menge (und mit insgesamt mehr Lösemitteln) aufgetragen werden muß als ein stärker lösemittelhaltiger Lack ohne Umweltzeichen. Der Einbezug der Rahmenbedingungen des Produkteinsatzes – die Systemanalyse – erfolgt nicht ausreichend. Beispielsweise gibt es Umweltzeichen für asbestfreie Bremsbeläge, runderneuerte Reifen, den Katalysator und Autowaschanlagen. Da aber weder Reifen noch Katalysator noch asbestfreie Bremsbeläge alleine in der Stadt herumfahren, sondern immer ein Auto „dranhängt“, bedeutet dies letztlich eine Auszeichnung des Autos. Neu und richtig dagegen ist die Vergabe des Umweltzeichens für „Umweltfahrkarten“ des öffentlichen Personennahverkehrs, wobei natürlich letztlich nicht die Fahrkarten ausgezeichnet werden, sondern das umweltschutzorientierte Tarifsystem. An mehreren Beispielen kann gezeigt werden, daß für das Umweltzeichen nicht die gesamte Produktlinie oder der Bilanzraum der jeweiligen Produkte untersucht wurden, sondern nur Ausschnitte oder Teilbilanzen, und daß problematische Inhaltsstoffe nicht adäquat bewertet wurden. Beispielsweise wurde bei der Vergabe des Umweltzeichens für „FCKW-freie" Spraydosen nicht der hohe Rohstoff- und Energieverbrauch bei der Produktion und die hohe Abfallproblematik der Spraydosen berücksichtigt (S. 90). Weitere spektakuläre Abstürze des Umweltzeichens sind PVC-Bodenbeläge (weil asbestfrei ...) oder schadstoffarme Lacke (die u.a. Formaldehyd, Blei, Cadmium, Chrom und Biozide in kleinen Mengen und Lösemittel immerhin noch bis 10–15% enthalten dürfen). Gleich etwa 900 dieser Lacke führen zur „Schönfärberei" der „Erfolgsbilanz" von 3600 Produkten (vgl. Abb.), die das Umweltzeichen tragen (RAL 1990).

Nach der eigentlichen Produktlinienanalyse und -bewertung muß darüberhinaus im Einzelfall geprüft werden (vgl. S. 118), ob das Umweltzeichen das geeignete umweltpolitische Instrument darstellt oder ob nicht andere Instrumente geeigneter sind. Auch hier holte sich der „Blaue Engel" einige blaue Flecken: das Verbot asbesthaltiger Produkte hätte die Umweltzeichen für asbestfreie Produkte erübrigt. Ein rechtzeitiges bundesdeutsches Verbot von FCKW-haltigen Sprays (wie in den USA) hätte der Ozonschicht etwa 410000 Tonnen FCKW erspart (vgl. Abb.). Auch die Koordination mit anderen umweltpolitischen Maßnahmen ist bisweilen mißglückt: Während beispielsweise salzfreie Streumittel das Umweltzeichen tragen, ist Streusalz von der Salzsteuer befreit! Generell fällt auf, daß das Umweltzeichen im öffentlichen Beschaffungswesen (das ein jährliches Marktvolumen von weit mehr als 100 Milliarden hat) kaum eine Rolle spielt: Entweder wurde hier versäumt, die Vergabekriterien für das Umweltzeichen in die Ausschreibungsbedingungen aufzunehmen oder der „öffentliche Kopf" der „öffentlichen Hand" glaubt selbst nicht an das Umweltzeichen.

Eine Neuorientierung des Umweltzeichens könnte im Rahmen der vorgeschlagenen produktpolitischen Gesamtkonzeption (S. 118) erfolgen, das Umweltzeichen wäre hier aber nur eines von mehreren Instrumenten (S. 116), die in Frage kommen.

Was tun?

Es gibt viele Möglichkeiten, sich chemiepolitisch zu engagieren. In einem Umweltverband, einer Bürgerinitiative, im Betrieb, an der Schule, in der Gewerkschaft, in der Gemeinde, als Verbraucher. Da die Chemieanwendung praktisch alle Wirtschaftsbereiche betrifft (vgl. Einleitung), kann man chemiepolitische Aktivitäten weit fassen: wer für ökologischen Landbau eintritt, wer sich gegen Müllberge wehrt, wer in einer Bürgerinitiative für Verkehrsvermeidung oder in einem Energiewendekomitee mitarbeitet, ist im weitesten Sinn auch chemiepolitisch tätig. Entsprechende Hinweise sind den anderen „Gute Argumente-Büchern" (Verkehr, Energie, Landwirtschaft, Ernährung, Klima, demnächst auch Abfall) zu entnehmen. Nachfolgend sind nur die Handlungsmöglichkeiten und Organisationen aufgeführt, die im engeren Sinn mit „Chemie" zu tun haben (die Adressen der Organisationen sind auf S. 142f. zusammengefaßt).

1. Der BUND (Bund für Umwelt und Naturschutz) hat viele Orts- und Kreisgruppen, die Aktionen zu chemiepolitisch relevanten Themen, Produkten oder Stoffen durchführen (z. B. zu PVC, Batterien, Pestiziden), Infoblätter zur Verfügung stellen usw.

2. Auch die VERBRAUCHERINITIATIVE führt immer wieder ähnliche gut vorbereitete Aktionen durch.

3. Die KGV – Koordinationsstelle Genehmigungsverfahren (vgl. S. 134) führt eine Übersicht über neue bzw. laufende Genehmigungsanträge für Chemie- und Industrieanlagen in der Bundesrepublik und kann bei einzelnen Anlagen beraten oder Beratung vermitteln.

4. Greenpeace führt derzeit eine Kampagne zur Chlorchemie durch. Über örtliche Unterstützungsgruppen ist hier eine Mitarbeit möglich.

5. Die IG Metall führt derzeit die Aktion „Tatort Betrieb" durch (vgl. S. 46), mit der jeweils bestimmte Gefahrstoffe im

Betrieb erfaßt werden (Ersatzstoffe, verstärkte Arbeitsschutzmaßnahmen etc.).

6. Die Verbraucherzentrale NRW führt derzeit die große Aktion „Prima Klima" durch – mit vielen Einzelaktivitäten im Verkehrs- und Energiebereich und zu ozongefährdenden Stoffen und Produkten. Für den Produktbereich wurde das oHa-Programm entwickelt (vgl. S. 84 ff.).

7. Im öffentlichen Beschaffungswesen (z.B. in den Kommunen, in Schulen, Krankenhäusern etc.) und in Firmen kann man auf umweltfreundlichere Ersatzprodukte drängen.

8. Vielfach und leider immer wieder gibt es erhebliche Gesundheits- oder Umweltprobleme durch Chemikalien: z.B. bei Holzschutzmitteln, Formaldehyd, etc. in Innenräumen (in Privaträumen, Kindergärten, Büros etc., vgl. S. 26), durch chemische Altlasten (frühere Deponien, Betriebsgelände etc.), durch Emissionen aus benachbarten Industrieanlagen, Müllverbrennungsanlagen etc.). Hier ist es in der Regel sinnvoll, mit anderen zusammen eine (Bürger-)Initiative zu gründen und auf Abschaffung oder Verbesserung der Probleme zu drängen. Eine Kuh macht Muh, viele Kühe machen Mühe!

9. Der monatlich erscheinende ICU – Informationsdienst Chemie und Umwelt (Belchenstraße 7, 7803 Gundelfingen, Tel. 0761/580317) berichtet über aktuelle Aktionen, Initiativen, Materialsammlungen etc.

Adressen

I. Umwelt- und Verbraucherverbände, Initiativen

Bund für Umwelt und Naturschutz (BUND), Arbeitskreis Umweltchemikalien,
Im Rheingarten 7
5300 Bonn
Tel. 0228-400970

Greenpeace
Chemie-Kampagnen
Vorsetzen 53
2000 Hamburg 11
Tel. 040-311860

VERBRAUCHERINITIATIVE
Breite Straße 51
5300 Bonn
Tel. 0228-7263393

Verein Arbeit & Gesundheit
Schanzenstraße 75
2000 Hamburg 36
Tel. 040-4392858

Koordinationsstelle Genehmigungsverfahren (KGV)
Bunsenstraße 14
6100 Darmstadt
Tel. 06151-819116

Bundesverband Bürgerinitiativen Umweltschutz (BBU)
Prinz-Albert-Str. 43
5300 Bonn 1
Tel. 0228-214032

Verbraucherzentrale NRW
Mintropstraße 27
4000 Düsseldorf
Tel. 0211-3809172

Pestizid Aktions Netzwerk (PAN)
Gaußstraße 17
2000 Hamburg 50
Tel. 040-393978

II. Gewerkschaften

IG Chemie-Papier-Keramik
Postfach 3047
3000 Hannover
Tel. 0511-14012

IG Metall-Bezirksleitung Stuttgart, Aktion „Tatort Betrieb“
Hölzelweg 2
7000 Stuttgart
Tel. 0711-1658

III. Industrie

Verband der Chemischen Industrie
(VCI)
Karlstraße 21
6000 Frankfurt
Tel. 069-25560

B.A.U.M.
Sillemstraße 36
2000 Hamburg 20
Tel. 040/4911814

IV. Ökologische Forschungsinstitute, Analysenlabors

Öko-Institut e. V
Binzengrün 34 a
7800 Freiburg
Tel. 0761-473031

FOBIG – Forschungs- und Beratungsinstitut Gefahrstoffe
Gerberau 2
7800 Freiburg
Tel. 0761-289579

Bremer Umweltinstitut für
Analyse und Bewertung von
Schadstoffen e. V.
Wielandstraße 25
2800 Bremen 1
Tel. 0421/76078

IKU – Institut für Kommunikation & Umweltplanung
Alfriedstraße 16
4600 Dortmund 18
Tel. 0231/31891

Katalyse e. V. – Institut für
angewandte Umweltforschung
Mauritiuswall 24–26
5000 Köln 1
Tel. 0221/235963

Ökopol
Nernstweg 32–34
2000 Hamburg 50
Tel. 040/391628

Eine Liste von weiteren Forschungsinstituten und von Analysenlabors ist erhältlich bei:
Arbeitsgemeinschaft ökologischer Forschungsinstitute (AGÖF)
Rheingasse 8–10
5300 Bonn 1
0228-630129

V. Zeitschriften

siehe bei: Weiterführende Literatur, S. 154

Literaturverzeichnis

Amecke 1987: Amecke, Hans-Bernd, „Chemiewirtschaft im Überblick, VCH-Verlagsgesellschaft, Weinheim 1987

Baumann 1991: Baumann, Horst, „Nachwachsende Rohstoffe – Ausgangsmaterialien für die chemische Industrie“, GIT Fachz. Lab. 9/91, S. 957–961

Baumann et al. 1988: Baumann, Horst, Angewandte Chemie 100, S. 41–62, 1988

Baumgartner et al. 1989: Baumgartner, Tom; Rubik, Frieder und Teichert, Volker, „Die gegenwärtige Produktpolitik und ihre Umgestaltung mit Hilfe der Produktlinienanalyse“, Öko-Institut, Werkstattreihe, Belfort-Heidelberg-Neckargemünd 1989

Beck et al. 1991: Beck, H.; Droß, A.; Ende, M.; Fürst, Ch.; Hille, A.; Mathar, W. und Wilmers, K.; „Polychlorierte Dibenzofurane und Dioxine in Frauenmilch. Ergebnisse von Rückstandsuntersuchungen aus Deutschland“, Bundesgesundheitsblatt 34, S. 564–568 (1991)

BMELF 1990: BMELF, „Bericht des Bundes und der Länder über Nachwachsende Rohstoffe“, 2. überarbeitete Auflage, Landwirtschaftsverlag Münster-Hiltrup 1990

BMFT 1990: BMFT, „Nachwachsende Rohstoffe“, Bonn 1990

BMU 1987: BMU-Bundesministerium für Umwelt, Naturschutz und Reaktorsicherheit, „Rhein-Bericht“, Umweltbrief 34, Bonn 1987

BMU 1990: BMU-Bundesministerium für Umwelt, Naturschutz und Reaktorsicherheit, „Bericht der Bundesregierung an den Deutschen Bundestag über den Stand der Arbeiten zur Umsetzung der Beschlüsse der 2. Internationalen Nordseeschutzkonferenz (2. INK) vom 24.–25. November 1987 in London und über die Vorbereitungsarbeiten zur 3. INK vom 7.–8. März 1990 in Den Haag, Bonn 1990

BMU 1991: BMU-Bundesministerium für Umwelt, Naturschutz und Reaktorsicherheit, Zeitschrift Umwelt 8/1991, S. 355–356

Borgmann 1989: Borgmann, Andreas, „Polyvinylchlorid – Ein Kunststoff verschlechtert unser Leben“, Öko-Institut, Werkstattreihe 51, Freiburg 1989

Broecker 1988; Broecker, Bernhard, „Risikoabschätzung für chemische Stoffe“, in: Held, Martin (Hrsg.), „Chemiepolitik – Gespräch über eine neue Kontroverse“, VCH-Verlagsgesellschaft, Weinheim 1988, S. 138–141

Brühl, Christoph, „Einfluß der halogenhaltigen Ersatzstoffe auf die Ozonschicht“, in: UTECH-Tagungsband „Alternativen zu FCKW und Halonen“, Berlin 1992, S. 276–286

Claus et al. 1990: Claus, Frank; Friege, Henning und Gremler, Dieter, „Es geht auch ohne PVC“, Rasch und Röhrig-Verlag, Hamburg 1990

Davies 1982: Davies, D. S., in: Sharp, D. H. und West, T. F. (Hrsg.), „The Chemical Industrie“, Ellis Horwood Ltd., Chichester, England 1982, zitiert nach: Amecke 1987

DECHEMA et al. 1990: DECHEMA/GVC/SATW (Hrsg.): „Produktionsintegrierter Umweltschutz in der chemischen Industrie,“, Frankfurt 1990

Deutscher Bundestag 1987: Deutscher Bundestag (Hrsg.), „Chancen und Risiken der Gentechnologie“, Bericht der Enquete-Kommission des 10. Deutschen Bundestags, in: Zur Sache, Themen parlamentarischer Beratung Nr. 1, Bonn 1987

Deutscher Bundestag 1988: Deutscher Bundestag, Referat Öffentlichkeitsarbeit (Hrsg.), „Vorsorge zum Schutz der Erdatmosphäre“, Zwischenbericht der Enquete-Kommission, in: Zur Sache, Themen parlamentarischer Beratung Nr. 5, Bonn 1988

Deutscher Bundestag 1989: Deutscher Bundestag (Hrsg.), „Bericht der Bundesregierung an den Deutschen Bundestag über die Wirkungen des Wasch- und Reinigungsmittelgesetzes vom 19. Dezember 1986“, Bonn 1989

Deutscher Bundestag 1990: Deutscher Bundestag (Hrsg.), Bericht der Bundesregierung über die Umsetzung des Beschlusses des Deutschen Bundestags zum Bericht der Enquete-Kommission „Chancen und Risiken der Gentechnologie“, Bundestagsdrucksache 11/8520, Bonn 1990

Dieter 1991: Dieter, Hermann H., „Chloroganika: Struktur-/Aktivitätsbeziehungen und kritische Stoffgruppen“, in: Held, Martin, „Leitbilder der Chemiepolitik“, Campus-Verlag, Frankfurt 1991, S. 172–185

Enquete-Kommission 1988: Enquete-Kommission „Vorsorge zum Schutz der Erdatmosphäre“, Zwischenbericht, Reihe: Deutscher Bundestag, Referat Öffentlichkeitsarbeit (Hrsg.): Zur Sache. Themen parlamentarischer Beratung 5/1988, Bonn

Ewen und Führ 1991: Ewen, Christoph und Führ, Martin, „Abfallwirtschaftliche Steuerungsinstrumente“, Öko-Institut, Darmstadt 1991

Fabry 1991: Fabry, Bernd, „Tenside – Eigenschaften, Produktion, Anwendungen“, Chemie in unserere Zeit 4/1991, S. 214–222

Fendler 1990: Fendler, Roland, „Chemie-Spendenprojekt abgeschlossen“, Öko-Mitteilungen 2/1990, S. 20–21

Fendler 1992: Fendler, Roland, „Hochgefährliche Anlagen“, KGV-Rundbrief 1/1992, S. 17

Fendler und Führ 1988: Fendler, Roland und Führ, Martin, „Stellungnahme zur Änderung der Störfallverordnung“, Öko-Institut, Werkstattreihe 6, Darmstadt 1988

Friege 1991: Friege, Henning, „Chemiepolitische Grundsätze, Chemiedienstleistungen und Entwicklungslinien – Ein Ansatz für die Chemiediskussion“, in: Held, Martin (Hrsg.), „Leitbilder der Chemiepolitik“, Campus Verlag, Frankfurt 1991, S. 226–235

Fritsche et al. 1989: Fritsche, U.: Rausch, L. und Simon, K. H., „Umwelteinwirkungsanalyse von Energiesystemen: Gesamt-Emissions-Modell Integrierter Systeme (GEMIS), Öko-Institut, Darmstadt 1989

Führ 1990: Führ, Martin, „Konfliktlösungen durch Verhandlungen“, ICU-Informationsdienst Chemie und Umwelt, ICU 10/1990, S. 14–16

Führ et al. 1989: Führ, Martin; Grießhammer, Rainer und Mehnert, Michael, „Stellungnahme zur Novellierung des Chemikaliengesetzes“, Öko-Institut, Werkstattreihe 60, Freiburg/Damstadt 1989

Fugmann et al. 1991: Fugmann, Burkhard; Lieb, Folker; Moeschler, Heinrich; Naumann, Klaus und Wachendorff, Ulrike, „Natürliche Pflanzenschutzwirkstoffe – Eine Alternative zu synthetischen Pflanzenschutzmitteln?“, Chemie in unserer Zeit 6/1991, S. 317–330

Fugmann et al. 1992: Fugmann, Burkhard; Lieb, Folker; Moeschler, Heinrich; Naumann, Klaus und Wachendorff, Ulrike, „Natürliche Pflanzenschutzwirkstoffe – Grenzen der praktischen Verwertung“, Chemie in unserer Zeit 1/1992, S. 35–41

Gaber und Natsch 1991: Gaber, Harald und Natsch, Bruno, „Gute Argumente Klima“, Beck-Verlag, München 1991

Geiler 1990: Geiler, Nik, „Rollenspiele zur 3. Internationalen Nordseeschutzkonferenz“, Informationsdienst Chemie und Umwelt, ICU 4/1990, S. 17–19

Gensch 1990: Gensch, Carl-Otto, „Beurteilung von Substitution für PVC und Recyclingstrategien“, in: Aktionskonferenz Nordsee (Hrsg.), „Ausstieg aus der PVC-Nutzung“, Bremen 1990, S. 65–76

Gensch 1992: Gensch, Carl-Otto, in: Öko-Institut, „Perspektiven der Abfallvermeidung“, in Vorbereitung, Freiburg 1992

von Gleich 1991: von Gleich, Armin, „Über den Umgang mit Natur – Sanfte Chemie als wissenschaftliches, chemiepolitisches und regionalwirtschaftliches Konzept“, Wechselwirkung 48/1991, S. 4–11

Grahl et al. 1991: Grahl, Birgit; Gensch, Carl-Otto und Grießhammer, Rainer, „Gutachten im Rahmen der Vorstudie zur TA-Abfallvermeidung und Hausmüllentsorgung des TAB“, Heidekamp/Freiburg 1991

Grießhammer 1986: Grießhammer, Rainer, „Umweltengel-Umweltteufel, „Dreisam-Verlag, Freiburg 1986

Grießhammer 1988 a: Grießhammer, Rainer, „Chlor raus, was rein? Überlegungen zur Substitution halogenorganischer Kohlenwasserstoffe“, in: Held, Martin (Hrsg.), „Chemiepolitik – Gespräch über eine neue Kontroverse“, VCH-Verlagsgesellschaft, Weinheim 1988, S. 186–193

Grießhammer 1988 b: Grießhammer, Rainer, „Kein Stichtag für die Chemiewende“, Öko-Mitteilungen, Schwerpunktheft Chemie und Umwelt, 4/1988, S. 4–7

Grießhammer et al. 1989: Grießhammer, Rainer; Hey, Christian; Hennicke, Peter und Kalberlah, Fritz, „Ozonloch und Treibhauseffekt“, Rowohlt-Verlag, Reinbek 1989

Grießhammer und Burg 1989: Grießhammer, Rainer und Burg, Claudia, „Wen macht die Banane krumm“, Rowohlt-Verlag, Reinbek 1989

Grießhammer et al. 1990 a: Grießhammer, Rainer; Schmincke, Evi; Fendler, Roland; Geiler, Nik und Lütge, Eberhard, „Entwicklung eines Verfahrens zur ökologischen Beurteilung und zum Vergleich verschiedener Wasch- und Reinigungsmittel“, Freiburg 1990

Grießhammer 1990 b: Grießhammer, Rainer, „Hauptursache Chemieproduktion“, in: Simonis, Udo Ernst (Hrsg.), „Basiswissen Umweltpolitik“, Edition Sigma Bohn, Berlin 1990

Grießhammer 1990 c: Grießhammer, Rainer, „Himmel und Hölle, Teufel und Beelzebub“, Informationsdienst Chemie und Umwelt, ICU 2/1990, S. 4–11

Grießhammer 1991 a: Grießhammer, Rainer, „Ökologische Bewertung Nachwachsender Rohstoffe durch Produktlinienanalysen“, ICU – Informationsdienst Chemie und Umwelt 10/1991, S. 18–20

Grießhammer 1991 b: Grießhammer, Rainer (Hrsg.), „Produktlinienanalyse und Ökobilanzen“, Kongreßbericht, Öko-Institut, Freiburg 1991

Grießhammer 1992: Grießhammer, Rainer, „Szenarien einer Chemiewende“, Öko-Institut, Freiburg 1992

Grießhammer und Pfeifer 1992: Grießhammer, Rainer und Pfeifer, Rolf (Hrsg.), „1. Freiburger Kongreß Produktlinienanalysen und Ökobilanzen“, Öko-Institut, Freiburg 1992

Groeschke et al. 1991 Groeschke, Hanns F.; Schütze, Bernd und Tombült, Thomas, „Henkel-Umweltsignet, ‚Umweltverträglich‘ – nicht gerechtfertigt?", Sonderdruck anläßlich des 24. Deutschen Evangelischen Kirchentags, Ruhrgebiet 1991

Härdtle et al. 1991: Härdtle, Georg; Marek, Klaus; Bilitewski, Bernhard und Kijewski, Kristian, „Recycling von Kunststoffabfällen", Beihefte zu „Müll und Abfall" 27, Erich-Schmidt-Verlag, Berlin 1991

Häußler et al. 1987: Häußler, Gerhard; Heller, Peter und Rosenberger, Christel, „Tiefgekühlt und doch nicht haltbar", Dreisam-Verlag, Freiburg 1987

Held 1988: Held, Martin (Hrsg.), „Chemiepolitik – Gespräch über eine neue Kontroverse", VCH-Verlagsgesellschaft, Weinheim 1988

Held 1991: Held, Martin (Hrsg.), „Leitbilder der Chemiepolitik", Campus-Verlag, Frankfurt 1991

de Henau et al. 1988: Henau de H., Lee C. M. und Gilbert P. A., „Environmental Safety of Detergents", Tenside Detergents 23 (1986) 5, 267–271

Henseling 1990: Henseling, Karl Otto, „Chlorchemie – Struktur und historische Entwicklung", Institut für ökologische Wirtschaft, Schriftenreihe 42, Berlin 1990

Henseling 1991: Henseling, Karl Otto, „Die FCKW-Tröte", in: Grießhammer, Rainer (Hrsg.), „Produktlinienanalyse und Ökobilanzen", Kongreßbericht, Öko-Institut, Freiburg 1991, S. 6–7

Henseling 1992: Henseling, Karl Otto, „Ein Planet wird vergiftet – Der Siegeszug der Chemie: Geschichte einer Fehlentwicklung", Rowohlt-Verlag, Reinbek 1992

Hofstetter 1990: Hofstetter, Patrick, „FCKW-Einsatz und Entsorgung in der Kälte- und Klimatechnik mit ökologischem Vergleich heutiger Kühlschranksysteme und Ausblick auf alternative Kältesysteme", Schaffhausen/Schweiz, 1990

ICU-Informationsdienst Chemie und Umwelt (vgl. Weiterführende Literatur, S. 154)

IGA 1989: IGA – Industrie-Gemeinschaft Aerosole, Presseinformation vom 21. 2. 1989, Frankfurt 1989

IG Metall 1992: IG Metall Stuttgart (Hrsg.), Tatort Betrieb Lösemittel, Stuttgart 1992

IKW 1990: IKW – Industrieverband Körperpflege- und Waschmittel, „Wäsche und Pflege", Frankfurt 1990

ipi 1988: ipi – Institut für Produktforschung und Informations GmbH, ipi-Nachrichten 3/88, Beilage 1

Jäger-Mischke und Wollny 1988: Jäger-Mischke, Ismene und Wollny, Volrad, „Pyrethrum und Pyrethroide. Ein Beitrag zur Naturstoffdiskussion", Öko-Institut Freiburg 1988

Jakobi 1989: Jakobi, H. W., „Fluorkohlenwasserstoffe", Erich Schmidt-Verlag, Berlin 1989

Käufer et al. 1991: Käufer, H.; Stricker, U. und Karras, W., „Kunststoff-Recycling-Test Berlin, Zwischenbericht vom 31. 12. 1989, Technische Universität Berlin

Kersten 1991: Kersten, Matthias (Hrsg.) „Jahrbuch Chemiewirtschaft 1991", VCH-Verlagsgesellschaft, Weinheim und Verlagsgruppe Handelsblatt, Düsseldorf 1991

KGV 1992: KGV – Koordinationsstelle Genehmigungsverfahren, KGV-Rundbrief, Sondernummer Neue Bundesländer, Öko-Institut Darmstadt, 1992

Klöpffer 1991: Klöpffer, Walter, „Grundlagen und Grenzen der Einzelstoffbewertung unter Umweltgesichtspunkten", in: Held, Martin (Hrsg.), „Leitbilder der Chemiepolitik", Campus-Verlag, Frankfurt 1991

Kortenkamp et al. 1988: Kortenkamp, Andreas; Grahl, Birgit und Grimme, Horst, „Die Grenzenlosigkeit der Grenzwerte – Zur Problematik eines politischen Instruments im Umweltschutz", Verlag C. F. Müller, Karlsruhe 1988

Krätz 1990: Krätz, Otto, „Faszination Chemie – 7000 Jahre Kulturgeschichte der Stoffe und Prozesse", Verlag Callweg, München 1990

Kruse 1992: Kruse, Horst, „Der Kaltgasprozeß als Alternativtechnologie", in: UTECH-Tagungsband „Alternativen zu FCKW und Halonen", Berlin 1992, S. 217–236

Kümmerer 1990: Kümmerer, Klaus, „Umweltschutz der Textilveredelung", in: ICU-Informationsdienst Chemie und Umwelt 6/1990, S. 13

Miethke et al. 1989: Miethke, H.; Heffter, A.; Hörtig, W. und Scherbaum, E.; „Humanmilch-Untersuchungen 1980–1989", Chemische Landesuntersuchungsanstalt, Stuttgart 1989

Lahl 1991: Lahl, Uwe, „Ökoabgaben", in: Grießhammer, Rainer (Hrsg.), „Produktlinienanalyse und Ökobilanzen", Öko-Institut, Freiburg 1991, S. 30–35

Lahl und Zeschmar-Lahl 1987: Lahl, Uwe und Zeschmar-Lahl, Barbara, „Ökologische Bewertung von Waschmittelrezepturen", Tenside Detergents 24 (1987) 4, S. 206–209

Lahl und Zeschmar-Lahl 1990: Lahl, Uwe und Zeschmar-Lahl, Barbara, „Facette der Chlorchemie", in: Müllmagazin 3/1990, S. 52–59

Lotz 1989: Lotz, Helmut, „Ozonabbau, Treibhauseffekt und die Kältetechnik", in: Die Kälte und Klimatechnik, 10, S. 520ff (1989)

Maryonik 1991: Maryonik, Wolfgang, „Die Ferne sehen", Müllmagazin 3/1991, S. 35–37

Metzner 1987: Metzner G., „Ergebnisse bei der Feststellung der relativen Umweltverträglichkeit von Tensiden", Münchner Beiträge Abwasser, Fischerei- und Flußbiologie 41, 1987, S. 99–115

Müller und Kaiser 1991: Müller, Ludwig und Kaiser, Bettina, „Umweltschadstoffe in der Muttermilch“, Informationsschrift des Senators für Gesundheit, Bremen 1991

Nader 1991: Nader, Franz W., „Informationspflichten der chemischen Industrie“, in: Steger, Ulrich (Hrsg.), „Chemie und Umwelt“, Erich-Schmidt-Verlag, Berlin 1991, S. 229–242

Nolte und Joas 1991: Nolte, Rainer F. und Joas, Reinhard, „Handbuch Chlorchemie I – Gesamtstofffluß und Bilanz“, ECOTEC, München 1991; veröffentlicht als UBA-Texte 55, Berlin 1991

Öko-Institut et al. 1984: Öko-Institut, Katalyse-Umweltgruppe, VUA und BUND, „Chemie im Haushalt“, Rowohlt-Verlag, Reinbek 1984

Öko-Institut 1987: Projektgruppe Ökologische Wirtschaft, „Produktlinienanalyse, Kölner Volksblatt-Verlag, Köln 1987

Öko-Institut 1992: Öko-Institut, „Perspektiven der Abfallvermeidung“, in Vorbereitung, Freiburg 1992

Öko-test 1988: Öko-test, „Öko-Waschküche“, Heft 10, S. 35–61 (1988)

von Osten 1991: von Osten, Wolf, „Zielrichtung der chemiepolitischen Diskussion. Orientierung am Leitbild: Strategien und Wirtschaftsprinzipien der Natur“, in: Held, Martin (Hrsg.), „Leitbilder der Chemiepolitik“, Campus-Verlag, Frankfurt 1991

Osteroth 1989: Osteroth, Dieter, „Von der Kohle zur Biomasse – Chemierohstoffe und Energieträger im Wandel der Zeit“, Springer-Verlag, Heidelberg 1989

Otzen 1991: Otzen, Ute, „Die Chemie ist sich selbst der Nächste“, Chemieindustrie 8/1991, S. 12

Parlar 1991: Parlar, Harum, „Chlorbornane“, Nachrichten aus Chemie-Technik-Laboratorium, *39*, Nr. 1, S. 26–37, 1991

Pohle 1991: Pohle, Horst, „Chemische Industrie“, VCH-Verlagsgesellschaft, Weinheim 1991

Poremski 1992: Poremski, H. J., „Rechtlicher Rahmen (WRMG) und Marktanalyse bei Wasch- und Reinigungsmitteln: Kriterien für den Gewässerschutz“, in: UTECH-Kongreßband, „Kriterien zur Umweltverträglichkeit von Wasch- und Reinigungsmitteln“, Berlin 1992, S. 11–14

Projektgruppe Ökologische Wirtschaft 1987: Projektgruppe ökologische Wirtschaft, „Produktlinienanalyse“, Kölner Volksblatt Verlag, Köln 1987

Radünz 1991: Radünz, Armin, „PVC im kommunalen Beschaffungswesen“, in: Grießhammer, Rainer (Hrsg.), „Produktlinienanalyse und Ökobilanzen“, Öko-Institut, Freiburg 1991

RAL 1990: RAL (Hrsg.), „Umweltzeichen. Produktanforderungen, Zeichenanwender und Produkte“, Bonn 1990 (zu beziehen durch: Umweltbundesamt – ZAD, Bismarckplatz 1, 1000 Berlin 33)

RAL 1991: RAL-Deutsches Institut für Gütesicherung und Kennzeichnung, „Grundlage für Umweltzeichen-Vergabe RAG-UZ 70 für Waschmittel im Baukastensystem vom 7. 10. 1991, Bonn 1991

Reimann 1988: Reimann, Dieter O., „PVC als Abfallprodukt", Müll und Abfall 6/1988, Sonderdruck

Rudolph 1992: Rudolph, Peter, „Gefährliche Inhaltsstoffe in Wasch- und Reinigungsmitteln: Kriterien für Umweltzeichen", in: UTECH-Kongreßband, „Kriterien zur Umweltverträglichkeit von Wasch- und Reinigungsmitteln", Berlin 1992, S. 37–56

Schirmer 1990: Schirmer (RAL), in: BMU (Hrsg.), „Dokumentation: Interantionale Konferenz zum Umweltzeichen", Bonn 1990, S. 54

Schöberl und Huber 1988: Schöberl P. und Huber L., „Ökologisch relevante Daten von nichttensidischen Inhaltsstoffen in Wasch- und Reinigungsmitteln", Tenside Detergents 25 (1988) 2, S. 90–107

Schramm 1991: Schramm, Engelbert, „Denken in Entwicklungslinien und Verzweigungen: Die Alkalichlorid-Elektrolyse und ihre Genese als Fallbeispiel", in: Held, Martin (Hrsg.), „Leitbilder der Chemiepolitik", Campus-Verlag, Frankfurt 1991

Schulz 1991: Schulz, Irmgard, „Frauen und Müll – über Müll und Geschlechtertrennung", ICU 12/1991, S. 11–17

Seifried 1991: Seifried Dieter, „Gute Argumente Energie", Verlag C.H. Beck, München 1991

SRU 1987: SRU – Rat der Sachverständigen für Umweltfragen, „Luftverunreinigungen in Innenräumen", Kurzfassung, Umweltbrief 35, Bonn 1987

Stamminger 1992: Stamminger, Rainer, „Der Wasserverbrauch von Haushaltsgeräten – Seine technische Entwicklung und gesamtwirtschaftliche Bedeutung", „Gesundheits-Ingenieur – Haustechnik – Bauphysik – Umwelttechnik", Heft 1, S. 31–38 (1992)

Stat. Bundesamt 1990: Statistisches Bundesamt, „Umweltinformationen der Statistik", Stuttgart 1990

Stat. Bundesamt 1991: Statistisches Bundesamt, Fachserie 4, Wiesbaden 1991

Stiftung Verbraucherinstitut 1986: Stiftung Verbraucherinstitut (Hrsg.), Barbara Zeschmar und Hans-Joachim Kursawa-Stucke, „Öko-Waschzettel", Plakat und wissenschaftlicher Begleittext, aktualisierte Fassung, Berlin 1986

Stiftung Warentest 1986: Stiftung Warentest, „Test auf umweltschonende Waschmittel", test 4 (1986), S. 378–385, Berlin

Stiftung Warentest 1989: Stiftung Warentest, „Feinwaschmittel für die Umwelt", test 7 (1989), S. 663–668

Stiftung Warentest 1990: Stiftung Warentest, „Waschmittel", test 8 (1990) S. 792–794

Thurau 1990: Thurau, Martin, „Gute Argumente Gentechnologie, Beck-Verlag, München 1990

Ueberhorst und de Man 1990: Ueberhorst, Reinhard und de Man, Reinier, Diskursanalytische Vorstudien für die Planungsstudie zur Förderung chemiepolitischer Verständigungsprozesse, Teil B, Elmshorn 1990

Umweltbundesamt 1988: Umweltbundesamt, „Vergleich der Umweltauswirkungen von Polyethylen- und Papiertragetaschen", UBA-Texte 5/1988, Berlin

Umweltbundesamt 1989: Umweltbundesamt, „Verzicht aus Verantwortung – Maßnahmen zur Rettung der Ozonschicht", UBA-Berichte, Erich-Schmidt-Verlag, Berlin 1989

Umweltbundesamt 1990a: Umweltbundesamt, Presseinformation 16/1990 und Faltblatt „Umweltbewußt waschen – umweltbewußt entlasten", Berlin 1990

Umweltbundesamt 1990b: Umweltbundesamt, „20 Argumente gegen das Umweltzeichen und was man davon zu halten hat", Berlin 1990

Umweltbundesamt 1992: Umweltbundesamt 1992: Umweltbundesamt „Stellungnahme zum Thema Ökobilanzen für die Sitzung des Bundestag. Ausschusses für Umwelt, Naturschutz und Reaktorsicherheit am 15. Januar 1992 im Umweltbundesamt", Berlin 1992

VCI 1983: VCI – Verband der Chemischen Industrie (Hrsg.), „Ganz ohne Abfall geht es nicht", Chemie-Journal 2/1983

VCI 1991: VCI – Verband der Chemischen Industrie, „Chemiewirtschaft in Zahlen", Frankfurt 1991

VCI 1992: VCI – Verband der Chemischen Industrie, „Chlorbilanz", Frankfurt 1992

VKE 1992: VKE-Verband der Kunststoffindustrie, Presseinformation vom 24. 4. 1992, Frankfurt

VZ NRW 1991: Verbraucherzentrale NRW, „Schlechtwetter für unser Klima – Anregungen für ein neues Klimabewußtsein", Verbraucherzentrale Nordrhein-Westfalen, Düsseldorf 1991

Wassermann, Otmar, „Risiken durch chemische Stoffe – Umdenken und handeln", in: Held, Martin (Hrsg.), „Chemiepolitik – Gespräch über eine neue Kontroverse", VCH-Verlagsgesellschaft, Weinheim 1988, S. 142–150

Winteler, Sabine und Ahrens, Andreas, „Chlor hat keine Zukunft", Institut für Ökologie und Politik, Ökopol-Reihe 8, Hamburg 1990

Wölcke und Rupprich 1992: Wölcke, Uwe und Rupprich, Norbert, Gewerkschaftszeitung „Umschau", 1/1992, S. 19–21

Wollny, Volrad, „Diskussionspapier zur chemiepolitischen Kontroverse", Öko-Institut, Freiburg 1992

Weise 1991: Weise, Eberhard, „Grundsätzliche Überlegungen zu Verbreitung und Verbleib von Gebrauchsstoffen (use pattern), in: Held, Martin (Hrsg.), „Leitbilder der Chemiepolitik“, Campus-Verlag, Frankfurt 1991, S. 55–64

Yergin 1991: Yergin, Daniel, „Der Preis – Die Jagd nach Öl, Geld und Macht“, S. Fischer-Verlag, Frankfurt 1991

Weiterführende Literatur

I. Zeitschriften zum Thema Chemie und Umwelt

ICU – Informationsdienst Chemie und Umwelt
(Belchenstraße 7, 7803 Grundelfingen, Tel. 0761-580317)
erscheint monatlich,
berichtet über chemiepolitische Themen, jährlich vier Schwerpunktnummern zu Produktlinienanalysen und Ökobilanzen.

KGV-Rundbrief
(Bunsenstraße 14, 6100 Darmstadt, Tel. 06151-819116)
erscheint vierteljährlich,
berichtet über Genehmigungsverfahren für Anlagen, gesetzliche und technische Entwicklungen

Arbeit & Ökologie-Briefe
(Uhlandstraße 58, 6000 Frankfurt, Tel. 069-490581)
erscheint vierzehntägig,
berichtet über Entwicklungen im Bereich Arbeitsschutz, Gewerkschaften und Betriebe

II. Bücher zum Thema Chemie und Umwelt

Held, Martin (Hrsg.), „Leitbilder der Chemiepolitik", Campus-Verlag, Frankfurt 1991

Henseling, Karl Otto, „Ein Planet wird vergiftet – Der Siegeszug der Chemie: Geschichte einer Fehlentwicklung", Rowohlt-Verlag, Reinbek 1992

Nolte, Rainer F. und Joas, Reinhard, „Handbuch Chlorchemie I – Gesamtstofffluß und Bilanz", Umweltbundesamt, Texte 55, Berlin, 1991

Pohle, Horst, „Chemische Industrie", VCH-Verlagsgesellschaft, Weinheim 1991

III. Gute Argumente-Bücher zu Anwendungsfeldern von Chemikalien

Verkehr/Landwirtschaft/Ernährung/Klima/Energie/Gentechnologie: siehe Buch-Anzeigen den folgenden Seiten

Buchanzeigen

Natur und Umwelt

Die Reihe „Gute Argumente", herausgegeben von Rainer Grießhammer und Dieter Seifried, dient der sachlichen Information über wesentliche Probleme der modernen Industriegesellschaft. Mit der Umsetzung von Fakten in leichtverständliche Schaubilder schlägt die Reihe eine Brücke zwischen der Sprache der Wissenschaftler und dem Verständnis des interessierten Lesers.

„Der Erfolg der Öko-Forscher ist ein Beleg, daß sich mit der Kraft der ‚Argumente' hin und wieder doch etwas bewegen läßt."
Der Spiegel

Frieder Thomas / Rudolf Vögel
Gute Argumente: Ökologische Landwirtschaft
1989. 132 Seiten. Paperback
Beck'sche Reihe Band 378

Harald Gaber / Bruno Natsch
Gute Argumente: Klima
2., überarbeitete Auflage. 1991
123 Seiten. Paperback
Beck'sche Reihe Band 392

Martin Thurau
Gute Argumente: Gentechnologie?
1990. 122 Seiten. Paperback
Beck'sche Reihe Band 409

Verlag C. H. Beck München